飞手是怎样炼成的

从大疆无人机 Mini 4、Air 3 到御3系列的航拍笔记

赵高翔 ◎ 编著

中国铁道出版社有限公司
CHINA RAILWAY PUBLISHING HOUSE CO., LTD.

图书在版编目（CIP）数据

飞手是怎样炼成的：从大疆无人机 Mini 4、Air 3 到御 3 系列的航拍笔记 / 赵高翔编著. -- 北京：中国铁道出版社有限公司，2025. 5. -- ISBN 978-7-113-32006-5

Ⅰ. TB869

中国国家版本馆 CIP 数据核字第 2025ZN3752 号

书　　名：	飞手是怎样炼成的——从大疆无人机 Mini 4、Air 3 到御 3 系列的航拍笔记
	FEISHOU SHI ZENYANG LIANCHENG DE：CONG DAJIANG WURENJI Mini 4 Air 3 DAO YU 3 XILIE DE HANGPAI BIJI
作　　者：	赵高翔

责任编辑：张亚慧		编辑部电话：（010）51873035		电子邮箱：lampard@vip.163.com	
封面设计：宿　萌					
责任校对：苗　丹					
责任印制：赵星辰					

出版发行：中国铁道出版社有限公司（100054，北京市西城区右安门西街 8 号）
网　　址：https://www.tdpress.com
印　　刷：北京盛通印刷股份有限公司
版　　次：2025 年 5 月第 1 版　2025 年 5 月第 1 次印刷
开　　本：787 mm×1 092 mm　1/16　印张：14.5　字数：385 千
书　　号：ISBN 978-7-113-32006-5
定　　价：88.00 元

版权所有　侵权必究

凡购买铁道版图书，如有印制质量问题，请与本社读者服务部联系调换。电话：（010）51873174
打击盗版举报电话：（010）63549461

刘 翔 | 视觉中国 500px 总经理，北京电影学院摄影专业硕士，曾任美国《国家地理》杂志及《中国国家地理》杂志编辑、摄影师。担任美国国家地理全球摄影大赛、中国国家地理摄影大赛、全球青年影像 100 等众多大赛评委

赵高翔以其丰富的实战经验和对摄影艺术的深刻理解，将复杂的航拍技术简化为易懂的教程，让航拍变得触手可及。这本书不仅是一本教材，更是一份对航拍艺术的热爱和追求的传递。它将引导你开启一段全新的视觉之旅，让你的航拍作品在天空中绽放光彩。开启你的航拍之旅，让我们一起飞得更高、看得更远。

郭 宬 | 国际摄影家联盟（GPU）副主席、GPU CHINA 主席，尚图坊艺术顾问

本书覆盖大疆无人机系列、飞行绝技、构图艺术与后期精修，是摄影爱好者的实战手册。实拍录屏教学，直观易懂；更有精选素材效果，让学习创作无缝对接，超越同类书籍，是提升航拍技艺的不二之选！

余 宽 | 星球研究所图片负责人，《这里是中国》系列图书图片统筹

对于刚踏入航拍世界的你来说，本书无疑是一盏明灯。从 Mini 系列无人机的轻松上手，到 Air 与御系列的专业进阶，本书以详尽的指南和实战技巧，为初学者铺设了一条清晰的学习路径。无论你是对航拍充满好奇的新手，还是希望提升技能的进阶者，本书都能让你快速掌握航拍的精髓，开启属于自己的天空之旅。

叶存政 | 云上世界影像数据库创始人、资深媒体人

  本书不仅是一部技术手册，更是激发创作灵感的宝库。从构图笔记到运镜技巧，从一键短片到大师镜头，书中丰富的实战案例和创意方法，让专业摄影师也能在熟悉的领域中找到新的突破点。无论你是追求极致画质的影像大师，还是渴望创新的视觉艺术家，本书都将是你不可或缺的伙伴。

应利民 | 著名摄影家、职业摄影师、人文街拍摄影师，各类摄影比赛获奖近千次，作品入选国展

  摄影是科技与艺术的完美融合，攀登高峰必须掌握这两项要素并巧妙运用。站在巨人的肩上才能成为巨人，赵高翔操控无人机的精湛技术与能力，使他挣脱了"巨人"这个有限的高度，创造出无数独特且完美的影像。他有效地做到了人机合一、心灵感受景象、控制景距与焦距，这些技艺的组合应用，提升了创作心境，呈现出全新的审视方式，本书值得无人机爱好者品读。

序　言

　　我很庆幸自己生活在这个蓬勃发展的时代，工具在快速迭代更新，理念在不断发展创新，风景在不断变换，日新月异。我捕捉这个美丽国度、神奇星球的美好画面已经近二十年了。在十年前，当具有高集成度、高易用性的大疆消费级无人机面世时，我非常热情地"拥抱"了无人机这个新"生产力工具"，从那时起，"捕捉美好"这件事就开始变得不再一般。

　　拥有了无人机，我就变得如同我的名字一样，拥有了"飞翔"的能力。无须高昂的成本，就可以畅快地飞行在空中，以与平时不同的视角，去记录之前高高举起的相机也难以获得的风景。从拍摄地理风貌，到记录经济建设和人们的劳作，再去各种"秘境"里寻找与众不同的景观，我的摄影创作获得极大的提升，提升的内容既包含作品的丰富程度，也包括拍摄效率和拍摄收益。

　　有了无人机的加持，我收集世间美景的范围也在不断扩大，从小草到大地，从故乡到远方，从肉眼所见的现实，到美轮美奂的梦境，如同进入一个新世界一般，人生轨迹似乎也发生了一些变化。

　　细数自己的成片作品，发现近年来，在行走四方所拍得的作品中，约三分之二是由无人机创作的，无人机所给予我的力量是无穷无尽的，尤其是在地理类作品的拍摄中，无人机拍出的效果是最惊艳的。

　　我一直热衷于分享作品和拍摄感受，发布在网络媒体上的无人机摄影作品，也是与很多机构初始合作的相互引力来源。这其中包括星球研究所、中国国家地理、美国国家地理等多个地理科普、文化旅游类机构和平台。

　　合作的推进，也渐渐促使我的足迹遍布国内大部分省份和一些国家，内容也从单纯的自然地理风光，拓展到人文地理、经济地理等方面，合作的深度在不断增强。在这个过程中，我的作品也不断被丽水国际摄影节、平遥国际摄影大展等影赛摄影展展示和认可。

　　与此同时，出版社通过自媒体平台与我建立联系，共同推出了多部书籍，也包括这本书，让我有机会与更多的朋友分享旅行摄影、地理摄影、无人机摄影的技巧与乐趣。

　　回顾拍摄工具——无人机，也是从最开始的精灵系列，不断地更新升级，在前后经历十余架无人机的深度实战体验和综合考量后，现在维持着最适合自己的、最有效的无人机组合，并以此保持自己蓬勃的创作力。

　　这些年，作为飞手，我见过、用过多款大疆无人机，从精灵、Mini、Air、御系列，再到悟系列等，无论使用哪一款机型，其背后的摄影原理与技巧是相通的，这也是我写作与分享这本航拍笔记教材的重要原因。

　　不过，从个人偏好角度，我目前喜欢用大疆 Mini 3 Pro 和大疆御 3 Pro 两款无人机，之所以这样选择，是由我的拍摄需求决定的。

　　前者能帮助我高效创作出适用于网络媒介传播的竖版作品，并且广角竖版航拍的作品在层次感表达和视觉冲击力塑造方面有着独特的优势。后者则具有优秀的飞行能力和三种焦段选择，尤其是中长焦的存在，让画面的透视感与过往的航拍作品截然不同，同时 4K 60 帧 / 秒的视频格式能满足偶尔的后期升格或高帧率输出的需求。

还有很重要的一点是，DJI Cellular 模块（通常又叫作 4G 增强图传模块）会对我的拍摄起到非常巨大的帮助，这两款机型的 DJI Cellular 模块是相互通用的。

这样的双机组合，对于时常单兵作战的我，一方面，不同拍摄特性的组合能满足大部分的拍摄需求；另一方面，又做到了相互备份，当一台机器发生故障或出现意外时，有另一台机器可以确保拍摄任务的完成，并且确保整体成本相对可控。

我拍摄的作品在我的微博（MoorWorld）、小红书（赵高翔 Moor 的行摄故事）上均有展示，欢迎查阅。

目前，大疆推出了新的 Mini 4K 机型，性价比非常高，本书会以这款机型来举例，再次强调，虽然你我机型不一样、摄影场景和目的也有所不同，但其中的摄影原理、航拍逻辑，以及美学基础与操作的方法大体是相通的。

如果你也加入了无人机拍摄者大家庭，通过这本书的交流和亲身实践，相信你能找到适合自己的需求，并选择成本可控的无人机，获得摄影创作能力的跨越式提升。

最后，我还有一些关于无人机拍摄的核心要义想与读者分享。

（1）无人机飞行的第一要务是确保安全，这里既包括飞行本身的跌落、碰撞相关的安全，也包括遵循飞行所在地法律法规的规则安全；

（2）无人机的飞行操控是为了作品获取而服务的，有效掌握操作技巧，若能寻得"人机合一"的感觉，那对于寻景与拍摄将提供巨大的帮助；

（3）无人机为我们带来了视角的自由，但我们依然要遵循构图、构成等方面的美学规则，飞行的高低、远近要为拍摄的内容和目标服务；

（4）无人机的拍摄在很多情况下是一门综合学科的"行为艺术"，除了飞行与拍摄的本身，也需要有较为丰富的"垂直领域"知识。例如，在我重点关注的地理风光领域，地理、气象知识不可或缺；汽车驾驶技巧、户外生存技巧也会为我们的拍摄提供有效支撑。

我建议你平时可以多多分享使用无人机拍摄的作品，无论你因为何种原因拿起无人机拍摄，在这个自媒体时代里，积极的分享会让你获得意想不到的收获。

如果读者需要获取书中案例的素材效果、教学视频等资源，请使用微信"扫一扫"功能扫描封面上的二维码或在浏览器中输入网址下载即可。

特别说明：编写本书是基于当前软件版本截取的实际操作图片（醒图 App 版本 10.5.0、剪映 App 版本 14.5.0、DJI Fly App 版本 1.13.9），但书从创作到出版需要一段时间，在这段时间里，软件界面与功能可能会有调整与变化，比如有的内容删除了，有的内容增加了，这是软件开发商做的更新，很正常，请在阅读时，根据书中的思路，举一反三进行学习即可，不必拘泥于细微的变化。

感谢邓陆英、柏品江的飞行协助与资料整理。

由于知识水平有限，书中难免存有疏漏之处，恳请广大读者批评、指正，联系微信：2633228153。

赵高翔

2025 年 3 月

目 录

第 1 章 Mini 系列：易于上手的入门级航拍机   1

1.1 系统介绍：认识与了解 Mini 系列无人机／2
    1.1.1 认识 Mini 2 SE 和 Mini 4K 无人机／2
    1.1.2 认识 Mini 3 系列无人机／5
    1.1.3 认识 Mini 4 Pro 无人机／7

1.2 特色优势：脱颖而出的入门级航拍机／8
    1.2.1 外观小巧，便于携带／8
    1.2.2 稳定飞行，高清画质／10
    1.2.3 功能易用，操作便捷／10
    1.2.4 持久耐用，快速充电／11

第 2 章 Air 系列：高清画质与双摄并行的航拍机   13

2.1 系统介绍：认识与了解 Air 系列无人机／14
    2.1.1 认识 Mavic Air 系列无人机／14
    2.1.2 认识 Air 2S 无人机／15
    2.1.3 认识 Air 3 无人机／16
    2.1.4 认识 Air 3S 无人机／19

2.2 特色优势：满足用户多样化的创作需求／20
    2.2.1 高质量双摄系统／21
    2.2.2 无损竖拍功能／22
    2.2.3 长续航与高海拔飞行／23
    2.2.4 远程遥控与高清图传／23
    2.2.5 全向避障与先进的稳定技术／25

第 3 章 御系列：专业摄影师首选的高端航拍机   27

3.1 系统介绍：认识与了解御系列无人机 / 28
    3.1.1 认识 Mavic Pro 无人机 / 28
    3.1.2 认识 Mavic 2 系列无人机 / 29
    3.1.3 认识 Mavic 3 系列无人机 / 30

3.2 特色优势：为用户提供极致的航拍体验 / 34
    3.2.1 卓越的飞行性能 / 35
    3.2.2 出色的影像系统 / 35
    3.2.3 专业的性能与操控体验 / 36
    3.2.4 便于携带和快速充电 / 37

第 4 章 构图笔记：展现画面的视觉吸引力和美感   39

4.1 构图角度：展现不同的视觉效果 / 40
    4.1.1 从平视角度航拍 / 42
    4.1.2 从俯视角度航拍 / 43
    4.1.3 从仰视角度航拍 / 45

4.2 光线色彩：影响画面的氛围和质感 / 46
    4.2.1 合理利用自然光 / 46
    4.2.2 光线方向的利用 / 46
    4.2.3 色彩对比与互补 / 47

4.3 构图实战：使画面更加和谐和美观 / 48
    4.3.1 水平线构图 / 48
    4.3.2 三分线构图 / 49
    4.3.3 前景构图 / 50
    4.3.4 中心构图 / 51
    4.3.5 对称构图 / 51
    4.3.6 对角线构图 / 53
    4.3.7 重复构图 / 54
    4.3.8 曲线构图 / 55
    4.3.9 透视构图 / 57
    4.3.10 对比构图 / 58

第 5 章 起飞降落：飞手安全飞行的保障　　　　　　　　61

5.1 准备工作：保障安全飞行的第一步 / 62
- 5.1.1 准备飞行器 / 62
- 5.1.2 准备遥控器 / 64
- 5.1.3 连接飞行器和遥控器 / 64
- 5.1.4 检查 SD 卡和电量 / 67

5.2 飞行必学：学会起飞和降落无人机 / 68
- 5.2.1 自动起飞与降落 / 68
- 5.2.2 手动起飞与降落 / 71
- 5.2.3 智能返航降落 / 73

第 6 章 飞行考证：飞手必学的飞行动作　　　　　　　　77

6.1 入门动作：巩固好飞行基础 / 78
- 6.1.1 上升飞行 / 78
- 6.1.2 下降飞行 / 79
- 6.1.3 前进飞行 / 80
- 6.1.4 后退飞行 / 81
- 6.1.5 向左飞行 / 82
- 6.1.6 向右飞行 / 82
- 6.1.7 向左旋转飞行 / 84
- 6.1.8 向右旋转飞行 / 85

6.2 进阶动作：逐渐提升技术能力 / 86
- 6.2.1 顺时针环绕飞行 / 86
- 6.2.2 逆时针环绕飞行 / 87
- 6.2.3 方形飞行 / 88
- 6.2.4 8 字飞行 / 89

第 7 章 运镜笔记：让视频更动感，增强趣味性　　　　　　　　91

7.1 俯仰运镜：打破常规的平视视角 / 92
- 7.1.1 下摇俯拍运镜 / 92
- 7.1.2 上抬仰拍运镜 / 93
- 7.1.3 前进上抬运镜 / 94
- 7.1.4 后退上抬运镜 / 95
- 7.1.5 俯视前飞运镜 / 96

7.1.6 俯视侧飞运镜 / 96
7.1.7 俯视旋转运镜 / 98
7.1.8 俯视环绕运镜 / 99

7.2 组合运镜：增加画面的动态感 / 100
7.2.1 左飞前进运镜 / 100
7.2.2 右飞前进运镜 / 101
7.2.3 上升右飞运镜 / 102
7.2.4 环绕上升运镜 / 103
7.2.5 环绕靠近前飞运镜 / 104

第 8 章　一键短片：无人机自动拍摄并生成短视频　　105

8.1 渐远模式 / 106
8.2 冲天模式 / 109
8.3 环绕模式 / 111
8.4 螺旋模式 / 113
8.5 彗星模式 / 114
8.6 小行星模式 / 116

第 9 章　智能跟随：无人机自动跟拍运动中的物体　　119

9.1 普通跟随模式 / 120
9.2 聚焦跟随模式 / 122
9.3 环绕跟随模式 / 124

第 10 章　大师镜头：轻松拍摄出高质量的视频　　127

10.1 选择拍摄目标 / 128
10.2 拍摄 10 段运镜画面 / 130
10.3 选择模板导出作品 / 132

第 11 章　全景拍摄：展现广阔的视野和细节　　135

11.1 球形全景 / 136
11.2 180° 全景 / 137

11.3　广角全景／138
11.4　竖拍全景／140

第 12 章　延时摄影：带来震撼的视觉体验　143

12.1　拍摄准备：掌握延时摄影的注意事项／144
  12.1.1　准备流程和拍摄要点／144
  12.1.2　认识无人机的延时模式／145
12.2　实战拍摄：创作 4 种延时视频／146
  12.2.1　自由延时／146
  12.2.2　环绕延时／148
  12.2.3　定向延时／151
  12.2.4　轨迹延时／153

第 13 章　长焦航拍：创造出独特的画面效果　157

13.1　长焦入门：认识长焦镜头和作用／158
  13.1.1　认识长焦镜头和模式／158
  13.1.2　掌握长焦航拍的作用／158
13.2　实战拍摄：使用长焦镜头进行航拍／162
  13.2.1　使用 3 倍变焦拍摄照片／162
  13.2.2　使用 7 倍变焦拍摄照片／163
  13.2.3　使用 28 倍变焦拍摄照片／164
  13.2.4　使用 3 倍变焦拍摄视频／166
  13.2.5　拍摄希区柯克变焦视频／167

第 14 章　修图笔记：使用手机醒图快速修图　175

14.1　基本调节：调整航拍照片的画面／176
  14.1.1　改变航拍照片的比例／176
  14.1.2　调整航拍照片的曝光／178
  14.1.3　校正航拍照片的色彩／180
  14.1.4　智能优化航拍照片／181
  14.1.5　去除照片中的瑕疵／183
  14.1.6　局部调整航拍照片／184

14.2 美化升级：赋予照片独特的魅力 / 185

  14.2.1 添加滤镜美化照片 / 185
  14.2.2 为照片添加文字和贴纸 / 188
  14.2.3 拼接多张航拍照片 / 190
  14.2.4 套模板快速成片 / 191
  14.2.5 使用 AI 功能美化图片 / 192

第 15 章　剪辑笔记：使用剪映轻松剪出大片　　　197

15.1 AI 功能：在剪映中快速智能成片 / 198

  15.1.1 使用剪同款功能制作视频 / 198
  15.1.2 使用套模板功能制作视频 / 200
  15.1.3 使用一键成片功能制作视频 / 202

15.2 单个作品：快速剪辑成品视频 / 204

  15.2.1 导入航拍视频 / 204
  15.2.2 添加背景音乐 / 205
  15.2.3 添加特效和动画 / 205
  15.2.4 添加标题文字并导出视频 / 207

15.3 多段视频：制作一段完整大片 / 209

  15.3.1 添加多段视频和卡点音乐 / 209
  15.3.2 调整视频时长和添加转场 / 211
  15.3.3 为视频统一添加滤镜调色 / 213
  15.3.4 添加歌词字幕和视频片尾 / 216

| 第 1 章 |

Mini 系列：
易于上手的入门级航拍机

大疆 Mini 系列，作为入门级的无人机产品，以其轻便的机身、较长的续航时间和基本的航拍功能，成为许多初学者的首选。它搭载了较小的传感器，能够拍摄高清视频和照片，适合对航拍有初步兴趣但预算有限的用户。本章向大家介绍大疆 Mini 系列无人机的特点，帮助新手选择易于上手的入门级航拍机。

1.1 系统介绍：认识与了解 Mini 系列无人机

大疆的 Mini 系列无人机是市场上广受欢迎的入门级航拍产品，以其轻便、易携带和高性价比著称。截至目前，大疆 Mini 系列主要包括下面几款无人机，分别有 Mini 2 SE、Mini 4K、Mini 3 和 Mini 4 系列，本节将带领大家认识与了解 Mini 系列无人机。

1.1.1 认识 Mini 2 SE 和 Mini 4K 无人机

大疆的 Mini 2 SE 和 Mini 4K 无人机，作为 Mini 系列比较入门的一部分，具备一系列引人注目的特点和功能，使其成为市场上广受欢迎的无人机之一。Mini 4K 在某些方面也可以看作是 Mini 2 SE 的升级版或后续产品，二者的主要特点如图 1-1 所示。

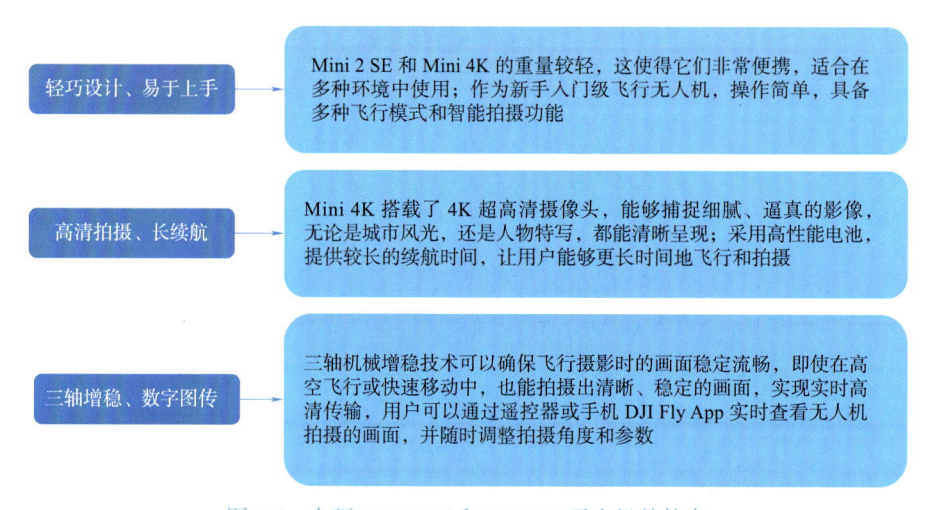

轻巧设计、易于上手	Mini 2 SE 和 Mini 4K 的重量较轻，这使得它们非常便携，适合在多种环境中使用；作为新手入门级飞行无人机，操作简单，具备多种飞行模式和智能拍摄功能
高清拍摄、长续航	Mini 4K 搭载了 4K 超高清摄像头，能够捕捉细腻、逼真的影像，无论是城市风光，还是人物特写，都能清晰呈现；采用高性能电池，提供较长的续航时间，让用户能够更长时间地飞行和拍摄
三轴增稳、数字图传	三轴机械增稳技术可以确保飞行摄影时的画面稳定流畅，即使在高空飞行或快速移动中，也能拍摄出清晰、稳定的画面，实现实时高清传输，用户可以通过遥控器或手机 DJI Fly App 实时查看无人机拍摄的画面，并随时调整拍摄角度和参数

图 1-1 大疆 Mini 2 SE 和 Mini 4K 无人机的特点

下面以 Mini 4K 无人机为例，带领大家认识 Mini 系列无人机的飞行器和遥控器，让用户对 Mini 系列的无人机有一个全面的了解。

1. 认识 Mini 4K 飞行器

大疆 Mini 4K 无人机重量约 249 克，机身轻巧便携，最长续航时间可达 31 分钟，5 级抗风，支持一键起飞、智能返航等功能，简单易上手。

Mini 4K 无人机相较于前代 Mini SE 系列无人机，在飞行性能、图传及功能使用方面更加精进。其独特的数字变焦功能，在 4K 格式下也支持 2 倍变焦。

由于无人机在开机时，飞行器云台会自检，所以，用户在飞行无人机的时候，需要先把云台保护锁扣取下来，也就是云台保护罩。

由于 Mini 4K 无人机在出厂时已安装好桨叶，所以，用户在购买之后不需要手动安装螺旋桨。当然，在飞行之前，需要给飞行器和遥控器电池充电，保障电量是充足的。

展开无人机的 4 个机臂之后，用户可以通过按机身底部电源键进行开机，启动飞行器。下面带大家认识一下大疆 Mini 4K 飞行器，如图 1-2 所示。

第 1 章 Mini 系列：易于上手的入门级航拍机

图 1-2 大疆 Mini 4K 飞行器

下面详细介绍大疆 Mini 4K 飞行器上的各个部件。

❶ 一体式云台相机。

❷ 电源按键。

❸ 电量指示灯。

❹ 下视视觉系统。

❺ 红外传感系统。

❻ 电机。

❼ 螺旋桨。

❽ 脚架（内含天线）。

⑨ 电池仓盖。
⑩ 充电／调参接口（USB-C）。
⑪ 相机 Micro SD（Secure Digital Memory Card，存储卡）卡槽。
⑫ 飞行器状态指示灯。

2. 认识 Mini 4K 遥控器

大疆无人机遥控器型号目前有 DJI RC-N1、DJI RC-N1C、DJI RC-N2、DJI RC、DJI RC-2 和 DJI RC Pro，不同年代生产的无人机支持不同的遥控器，一般可通用的遥控器较少，比如 DJI RC-2 遥控器仅支持连接 Air 3 和 Mini 4 Pro 无人机。

Mini 4K 无人机只支持 DJI RC-N1C 和 DJI RC-N1 遥控器，也就是说，用户必须使用手机中的 DJI Fly App 进行飞行控制，一般而言，在手机商店 App 就可以下载和安装 DJI Fly App。

下面以 DJI RC-N1C 遥控器为例，详细介绍上面的各功能按钮，帮助大家掌握遥控器上各功能的作用和使用方法，如图 1-3 所示。

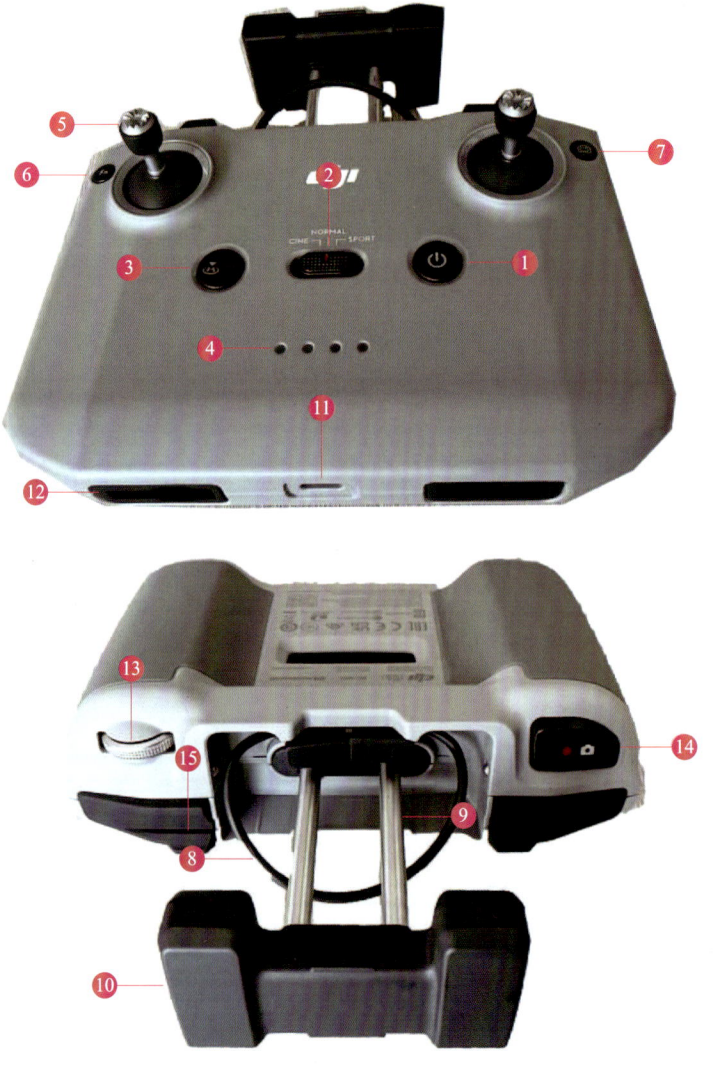

图 1-3　DJI RC-N1C 遥控器

下面详细介绍遥控器上按钮的各种功能。

❶ 电源按键：短按查看遥控器电量；短按一次，再长按两秒开启/关闭遥控器电源；当遥控器开启时，短按可切换息屏和亮屏状态。

❷ 飞行挡位切换开关：用于切换飞行挡位，分别有平稳挡、普通挡和运动挡，一般而言，普通挡是使用得最多的。

❸ 急停/智能返航按键：短按可以使飞行器紧急刹车并在原地悬停，或在全球定位系统（global positioning system，GPS）和视觉系统生效时长按启动智能返航，短按一次取消智能返航。

❹ 电量指示灯：用于指示当前电量。

❺ 摇杆：可拆卸设计的摇杆，便于收纳。在 DJI Fly App 中可设置摇杆操控方式。

❻ 自定义按键：可通过 DJI Fly App 设置该按键功能。默认单击使云台回中或朝下。

❼ 拍照/录像切换按键：短按一次切换拍照或录像模式。

❽ 遥控器转接线：分别连接移动设备接口与遥控器图传接口，实现图像及数据传输。可根据移动设备接口类型自行更换。

❾ 移动设备支架：用于放置移动设备。

❿ 天线：传输飞行器控制和图传无线信号。

⓫ 充电/调参接口（USB-C）：用于遥控器充电或连接遥控器至电脑。

⓬ 摇杆收纳槽：用于放置摇杆。

⓭ 云台俯仰控制拨轮：用于调整云台俯仰角度。按住自定义按键并转动云台俯仰控制拨轮，可在录像模式下调节变焦。

⓮ 拍摄按键：短按拍照或录像。

⓯ 移动设备凹槽：用于放置移动设备。

> **温馨提示**
>
> 带屏遥控器和普通遥控器上的大部分功能都差不多，不过带屏遥控器价格更高一些。Mini 系列无人机主要是在云台相机功能、避障功能、图传信号和电池容量上的差别。目前，大疆入门级无人机还有 Neo，起飞重量仅为 135 克，是目前大疆最轻、最小的无人机。

1.1.2　认识 Mini 3 系列无人机

大疆 Mini 3 系列无人机以其轻巧便携、高画质拍摄和智能拍摄功能等特点，在市场上备受欢迎。下面按型号介绍大疆 Mini 3 系列无人机的特点。

1. 认识大疆 Mini 3 无人机

图 1-4 为大疆 Mini 3 无人机，机身重量低于 249 克，小巧轻便，可轻松放入口袋或背包，适合出游携带。标配智能飞行电池最长续航时间可达 38 分钟，若使用长续航智能飞行电池（需另购），最长续航时间可达 51 分钟。

图 1-4　大疆 Mini 3 无人机

相机采用 1/1.3 英寸传感器，支持双原生 ISO 和芯片级 HDR 技术，可录制 4K HDR 视频，还原真实色彩。

支持一键短片（包含渐远、环绕、螺旋、冲天、彗星模式），全景拍摄，智能返航等多种智能功能，让拍摄更加简单高效。

采用 DJI O2 数字图传，抗干扰能力强，图传距离可达 10 公里（FCC 标准）。

2. 认识大疆 Mini 3 Pro 无人机

图 1-5 为大疆 Mini 3 Pro 无人机，起飞重量小于 249 克，在部分国家和地区无须注册或培训即可起飞（须查询当地政策和法规）。

图 1-5　大疆 Mini 3 Pro 无人机

影像系统采用 4800 万像素的 1/1.3 英寸传感器，光圈达到 f/1.7，是目前消费级无人机最大光圈。支持最高 4K 60 帧/秒视频规格，具备 D-Cine like 模式，提供更好的后期调色空间。

镜头云台支持一键无损竖拍和大角度仰拍，提供更多元化的拍摄能力。具备前、后、下三向避障能力，双目视觉避障相机的设计使得避障能力更优秀。

采用 DJI O3 图传系统，最远图传距离可达 12 公里。

大疆 Mini 3 和大疆 Mini 3 Pro 作为两款航拍无人机，它们在多个方面存在不同点。下面是对这两款无人机主要不同点的归纳。

① 传感器与像素：大疆 Mini 3 采用 1.3 英寸传感器，支持 1200 万像素拍摄；而大疆 Mini 3 Pro 则能够拍摄 4800 万像素的照片和视频，画面更加细腻，锐度更高，放大时清晰度更佳。

② 视频性能：大疆 Mini 3 支持一键短片、1080p 60 帧/秒和 4K 30 帧/秒的视频录制；而大疆 Mini 3 Pro 则支持 1080p 120 帧/秒慢动作视频和 4K 60 帧/秒视频（但无法使用 HDR 和自动拍摄模式），同时提供大师模式和 D-Cine like 模式，具有更大的调色空间。

③ 避障系统：大疆 Mini 3 仅支持下视悬停避障，取消了前避障摄像头，飞行时需要更加小心；而大疆 Mini 3 Pro 则具备前、后、下三向避障功能，飞行更加安全稳定。

④ 续航时间：由于重量减轻和前后避障取消，大疆 Mini 3 在续航时间上相对较长，标配智能飞行电池最长续航可达 38 分钟，使用长续航智能飞行电池时可达 51 分钟；而大疆 Mini 3 Pro 的续航时间为 34~47 分钟（取决于电池配置）。

⑤ 图传系统：大疆 Mini 3 使用 DJI O2 图传系统，最远传输距离为 10 公里；而大疆 Mini 3 Pro 则采用 DJI O3 图传系统，最远传输距离可达 12 公里。

⑥ 价格差异：大疆 Mini 3 的价格相对亲民，不同配置版本的价格从 1888 元到 4288 元不等；而大疆 Mini 3 Pro 则因其更高级的功能和性能，价格相对较高，标准遥控器版价格为 3830 元，带屏遥控器版为 4680 元（价格信息来源于大疆创新官网，会存在波动变化）。

⑦ 创新设计：大疆 Mini 3 Pro 在机身设计上有所创新，通过改变机身倾角和增大桨叶面积，降低了风阻并提升了动力效能，同时实现了无损竖拍和大角度仰拍等更多拍摄可能性。

⑧ 两款无人机都具备智能飞行模式，如一键起飞、降落、返航和自动悬停等。大疆 Mini 3 Pro 还提供了智能跟随、聚焦和兴趣点环绕等更高级的拍摄模式。

综上所述，大疆 Mini 3 和大疆 Mini 3 Pro 在相机性能、避障系统、续航与飞行时间、传输距离、价格及其他功能等方面均存在显著差异。用户在选择时应根据自己的需求和预算进行综合考虑。

1.1.3 认识 Mini 4 Pro 无人机

大疆 Mini 4 Pro 无人机作为大疆在航拍领域的又一力作，以其出色的性能、便携的设计及丰富的功能赢得了市场的广泛关注，如图 1-6 所示。

大疆 Mini 4 Pro 无人机采用超轻型可折叠机身设计，重量轻于 249 克，便于携带和存储。用户可以轻松地将它放入背包或手提包中，无论是户外拍摄还是进行航拍工作都非常方便。

配备了 1/1.3 英寸影像传感器，支持双原生 ISO 融合，f/1.7 大光圈配合 2.4 微米四合一大像素，能够拍摄出清晰、细腻的画面。

支持拍摄 4K 60 帧/秒 HDR 及 4K 100 帧/秒视频，具备出色的动态范围和色彩还原能力，满足用户对于高质量视频的需求。支持 10-bit D-Log M 和 HLG 色彩模式，记录更多色彩细节，为后期调色提供更多可能。

图 1-6 大疆 Mini 4 Pro 无人机

作为 DJI Mini 系列首款具备全向主动避障的航拍机，Mini 4 Pro 机身配备 4 个广视角视觉传感器和下视双目视觉传感器，能够精确探测并灵活躲避各个方向上的障碍物，确保飞行安全。

支持多种智能飞行模式，如跟随我、自动起飞/降落、自动返航等，能够根据用户需求自动调整飞行轨迹和高度，提升拍摄效率。新增全向智能跟随功能，可根据拍摄场景实现多种运镜效果，让拍摄更加灵活多变。

配备高性能电池，标准续航时间可达 34 分钟，若选用长续航智能飞行电池，续航时间可延长至 45 分钟，满足长时间航拍需求。

支持 OcuSync 2.0 高清实时传输技术，最远传输距离可达 20 公里（国内 10 公里），确保用户能够实时查看无人机拍摄的画面，并进行调整。

采用智能电池管理系统，能够自动调整电池的充放电状态，延长电池使用寿命。同时实时监测电池温度和电量，确保飞行安全。

总而言之，大疆 Mini 4 Pro 无人机具有画质出色、飞行安全、智能便捷、续航强劲和便携性强的优点，成为市场上备受瞩目的航拍无人机产品之一。

1.2 特色优势：脱颖而出的入门级航拍机

在无人机市场中，大疆无疑是一个佼佼者，其推出的产品凭借其卓越的性能、稳定的飞行和高清的画质赢得了广大用户的青睐。本节介绍大疆 Mini 系列无人机的特色和优势。

1.2.1 外观小巧，便于携带

大疆 Mini 系列无人机以其小巧的机身和轻便的重量为特点，非常适合旅行和户外拍摄。折叠后的机身可以轻松放入背包或手提包中，无论是徒步旅行还是自驾游，都能轻松携带。

第 1 章　Mini 系列：易于上手的入门级航拍机

几乎一只手就能握住整个机身，如图 1-7 所示。

图 1-7　一只手就能握住整个机身

相较于专业级无人机，这种轻型的设计，可能在抗风性能和环境适应性方面略显不足。所以，在使用大疆 Mini 系列无人机飞行时，需要注意飞行环境和天气，最重要的就是查看风力等级。用户可以下载莉景天气 App，在其中可以查看每天、每个时段的风力等级，如图 1-8 所示，当风力等级大于 3 级时，就要谨慎起飞。

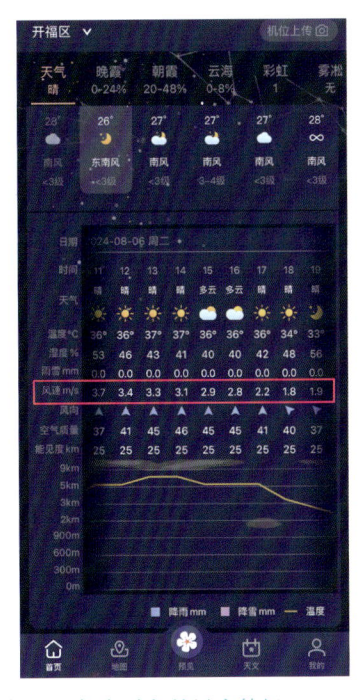

图 1-8　在莉景天气 App 中查看每天、每个时段的风力等级

1.2.2 稳定飞行，高清画质

在性能方面，大疆 Mini 系列无人机展现了出色的表现。首先，其搭载的高性能电机和先进的飞控系统保证了飞行的稳定性和安全性。其次，无人机配备的高清摄像头和图像传输系统，能够捕捉清晰细腻的画面，并将画面实时传输到遥控器或手机屏幕上。无论是拍摄运动场景还是航拍风景，都能得到满意的效果。

例如，Mini 3 无人机的传感器已经从 1/2.3 英寸升级到了 1/1.3 英寸，这提供了更好的图像质量和低光表现。此外，Mini 3 Pro 无人机的像素从 1200 万升级到 4800 万，这对于追求高分辨率图像的用户来说是一个显著的优势。

Mini 3 Pro 与 Mini 4 Pro 相较于其他 Mini 系列机型，有支持无损竖拍（含视频和图片）和可外接 4G 模块两大拍摄与操控方面的显著优势。

相较于其他机型拍摄后再裁剪为竖图的情况（Air 3 无人机的竖拍视频为机内裁剪后的竖拍，也非广角无损竖拍），上述两个 Mini 机型的竖拍更能取得广角的效果，对于拍摄垂直方向具有较丰富层次感的画面的获取，具有很好的帮助，能更好地表现出垂直空间的尺度，例如城市建筑群、雪山峡谷风光等，如图 1-9 所示，并且竖图更适用于手机等竖屏媒介的传播。

4G 模块（又叫作增强图传系统）可作为常规图传的增强和补充，在城市等无线电工况较为复杂、远距离飞行、绕障碍物飞行等场景下，能有效提升图传的稳定性，帮助用户更好地完成操控。

图 1-9　竖拍效果

1.2.3 功能易用，操作便捷

大疆 Mini 系列无人机还具备多项智能功能，使得操作更加简单便捷。例如，一键起飞/降落功能可以让用户轻松掌握无人机的起飞和降落，在 DJI Fly App 的相机界面中点击 按钮，如图 1-10 所示，即可实现。

第 1 章　Mini 系列：易于上手的入门级航拍机

图 1-10　点击相应按钮

智能跟随功能则可以让无人机自动跟随被锁定的目标物体移动，实现自动拍摄。此外，部分 Mini 系列无人机还支持智能拍摄模式、智能避障等功能，进一步提升了用户体验。

在飞行 Mini 系列无人机之前，用户需要进行一定的检查，下面进行相应的介绍。

① 束桨器、云台锁扣已移除。
② 智能飞行电池和螺旋桨是否正确安装。
③ 遥控器、智能飞行电池及移动设备是否电量充足。
④ 前、后机臂是否完全展开。
⑤ 电源开启后相机和云台是否正常工作。
⑥ 开机后电机是否能正常启动。
⑦ DJI Fly App 是否正常运行。
⑧ 确保云台相机、视觉系统摄像头及红外传感器清洁。
⑨ 务必使用原厂配件或经过官方认证的配件，使用非原厂配件有可能对飞行器的安全使用造成危险。
⑩ 确保已在 DJI Fly 的"设置"界面中设置好避障行为，已根据当地法律法规设置好最大飞行高度、最远飞行距离，以及返航高度。

1.2.4　持久耐用，快速充电

在续航方面，大疆 Mini 系列无人机配备了高性能的电池，能够提供较长的飞行时间。同时，智能充电管理系统和快速充电技术也使得充电更加便捷和高效。此外，无人机还支持备用电池的设计，用户可以根据需要购买额外的电池以延长飞行时间。

下面为大家介绍大疆 Mini 系列无人机的充电方法。

先确保智能飞行电池已正确安装至飞行器，然后连接充电器到交流电源，最后连接充电器至飞行器的充电接口，为遥控器充电的方法也是这样的。

充电状态下智能飞行电池电量指示灯将会循环闪烁，并指示当前电量。电量指示灯全部常亮时表示智能飞行电池已充满，这时就要断开飞行器和充电器，完成充电。

下面为大家继续介绍一些充电需要注意的事项。

① 每次使用智能飞行电池前，请务必充满电。推荐使用官方提供的充电设备，如双向充电管家或 DJI 30W USB-C 充电器，或其他支持 USB PD 快充协议的充电器。

② 开机状态下不支持充电。为安全起见，电池在运输过程中需保持低电量。运输前请进行放电，飞行至低电量（如 30% 以下）。

③ 飞行结束后智能飞行电池温度较高，须待智能飞行电池降至允许的充电温度范围再进行充电。

④ 电池可允许充电温度范围为 5℃~40℃，若电池的温度不在此范围，电池管理系统将禁止充电。最佳的充电温度范围为 25℃±3℃，在此温度范围内充电可延长电池的使用寿命。

⑤ 每隔 3 个月左右重新充电一次以保持电池活性。

⑥ 使用不同的充电器时，充电指示灯闪烁频率有所不同。充电速度快则闪烁频率高。4 个 LED 指示灯同时闪烁，则表示电池损坏。

⑦ 使用时请将充电管家平稳放置，并注意绝缘及防火。请勿用手或其他物体触碰金属端子。若金属端子附着异物，请用干布擦拭干净。

⑧ 电池容量不同，充电时间会有差异。例如，充满单块 Mini 4 Pro 智能飞行电池的时间大约为 58 分钟，充满单块 Mini 3 Pro 长续航智能飞行电池的时间大约为 78 分钟。

| 第 2 章 |

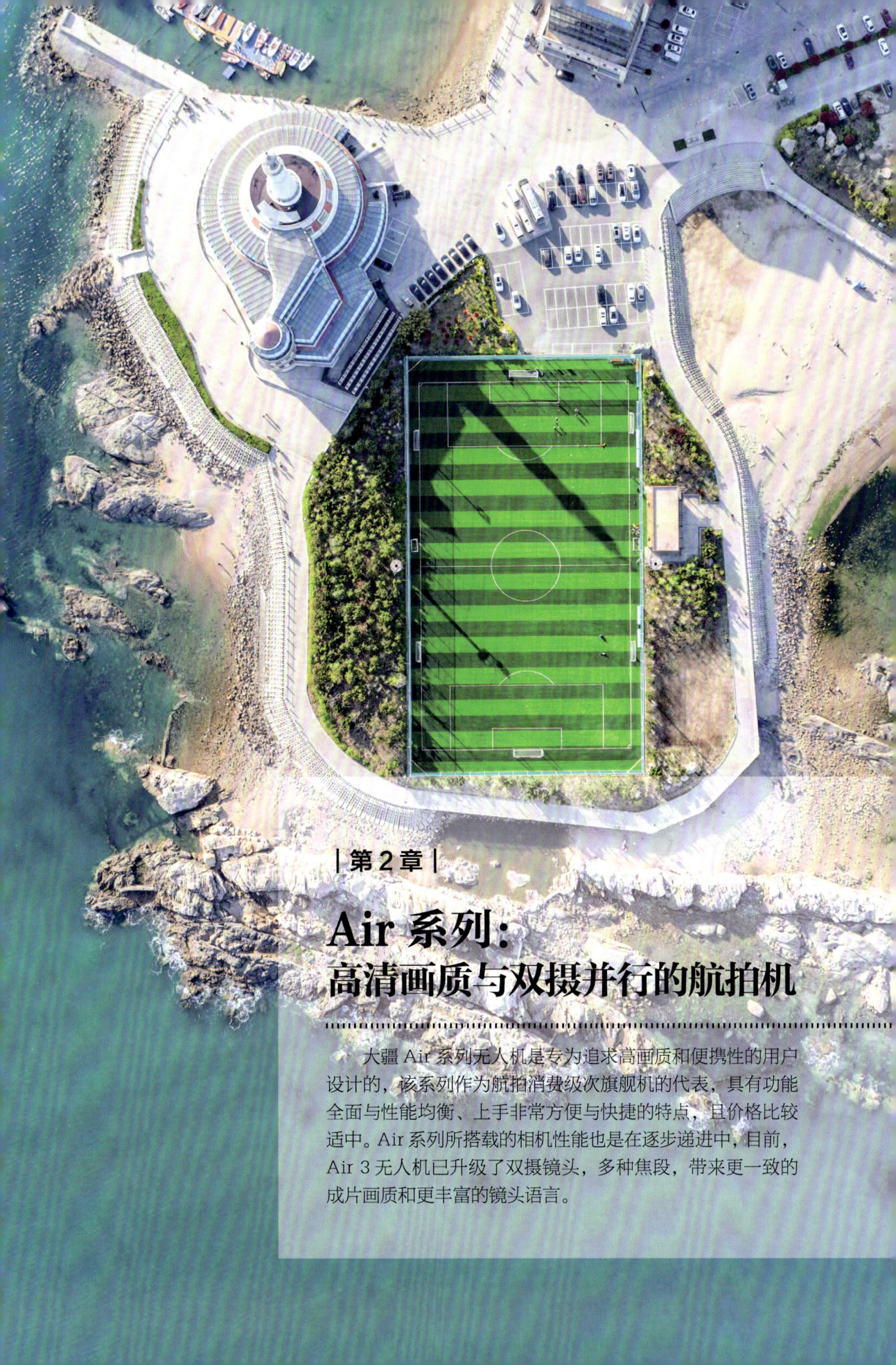

Air 系列：
高清画质与双摄并行的航拍机

大疆 Air 系列无人机是专为追求高画质和便携性的用户设计的，该系列作为航拍消费级次旗舰机的代表，具有功能全面与性能均衡、上手非常方便与快捷的特点，且价格比较适中。Air 系列所搭载的相机性能也是在逐步递进中，目前，Air 3 无人机已升级了双摄镜头，多种焦段，带来更一致的成片画质和更丰富的镜头语言。

2.1 系统介绍：认识与了解 Air 系列无人机

大疆 Air 系列无人机型号众多，每一款都有其独特的特点和优势。目前，大疆 Mavic Air、大疆 Mavic Air 2、大疆 Air 2S 已不在官网进行销售。本节将带领大家认识与了解 Air 系列无人机，帮助用户挑选最心仪的那一款。

2.1.1 认识 Mavic Air 系列无人机

Mavic Air 系列无人机主要有大疆 Mavic Air 和大疆 Mavic Air 2，由于生产年份都比较久了，这里就不再进行详细介绍了。

1. 认识大疆 Mavic Air 无人机

图 2-1 为大疆 Mavic Air 无人机，发布时间为 2018 年。该款无人机重量仅 430 克，折叠后比 Spark 还小，便于携带。

图 2-1 大疆 Mavic Air 无人机

搭载 1/2.3 英寸 CMOS 传感器，有效像素 1200 万，支持 4K Ultra HD 录像分辨率。最大上升速度 3 米/秒，最大起飞海拔高度为 5000 米，最长飞行时间为 21 分钟，最长悬停时间为 20 分钟。采用 3 轴机械云台，支持俯仰、横滚、平移三种模式，感知范围包括前方、后方与下方。

2. 认识大疆 Mavic Air 2 无人机

图 2-2 为大疆 Mavic Air 2 无人机，发布时间为 2020 年，同样具有折叠设计。

搭载 1/2 英寸 CMOS 传感器，有效像素提升至 4800 万，支持 4K Ultra HD 视频拍摄。最大上升速度 4 米/秒，最长飞行时间延长至 34 分钟左右，最长悬停时间 33 分钟。同样支持 3 轴机械云台，感知范围包括前方、后方与下方，有效避障速度小于或等于 12 米/秒。

图 2-2 大疆 Mavic Air 2 无人机

2.1.2 认识 Air 2S 无人机

图 2-3 为大疆 Air 2S 无人机，发布时间为 2021 年，不仅保持了 Mavic Air 2 的便携设计，还继承了 Mavic Air 2 的避障系统。

图 2-3 大疆 Air 2S 无人机

采用 1 英寸 CMOS 传感器，单像素尺寸高达 2.4 微米，最大感光度提升至 12800，录像分辨率升级为 5.4K。最大上升速度 6 米/秒，最长飞行时间 31 分钟，最长悬停时间 30 分钟。在感知系统方面新增了上方感知区域，飞行更安全，智能跟随的路径规划自由度更大。采用 O3 图传技术，最远图传距离可达 12 公里，双频通信能在飞行时自动调整到最佳信道。

Air 2S 相较于其他机型，它的镜头视角更广（等效焦距 22 毫米，其他机型广角普遍为等效

24毫米），从视角角度讲，Air 2S 的透视感更强烈，尤其是在航拍视角下，视场广度较其他机型有着明显的区别，可以满足有超广角需求的用户。

2.1.3 认识 Air 3 无人机

最新的大疆 Air 3 无人机在摄像头配置、续航时间和避障能力上都有显著提升，尤其是加入了 4800 万像素的双主摄系统和全向避障功能，使其成为一款接近旗舰级别的便携式无人机，如图 2-4 所示。

图 2-4 大疆 Air 3 无人机

Air 系列首个双主摄相机系统，将 1/1.3 英寸 CMOS 广角相机和 1/1.3 英寸 CMOS 3 倍中长焦相机嵌入小巧空间中。最长飞行时间 46 分钟，最长悬停时间 42 分钟，是 Air 系列中时间最长的。

配备全向视觉感知系统，可探测各个方向上的障碍物，并借助 APAS 5.0 进行顺滑绕行。采用新一代 O4 高清图传系统，最远传输距离可达 20 公里，支持 1080p 60 帧/秒图像传输。支持智能跟随 5.0，可从八个方向跟随拍摄目标，同时采用先进的目标识别技术。

下面以 Air 3 无人机为例，带领大家认识 Air 系列无人机的飞行器和遥控器，让用户对 Air 系列的无人机有一个全面的了解。

1. 认识 Air 3 飞行器

Air 3 飞行器采用折叠结构设计，使得整机在折叠后体积小巧，便于携带和收纳。Air 3 飞行器在刚取出来的时候，云台外面有一个黑色的保护罩，当取下保护罩之后，我们就可以展开它的 4 个机臂，再开启电源并起飞无人机。

大疆 Air 3 飞行器延续了大疆一贯的简洁设计理念，整机线条流畅，结构紧凑，展现出一种时尚而不失稳重的美感。Air 3 飞行器配备了最新一代的桨叶，尺寸更大且末端采用橡胶设计，有效防止刮伤和切割意外发生。此外，更长的机臂和更大尺寸的桨叶也提升了整体空气动力学性能。

Air 3 飞行器也进行了更好的静音处理，减少了飞行时的噪声干扰。下面带大家认识展开机臂之后的 Air 3 飞行器，如图 2-5 所示。

第 2 章　Air 系列：高清画质与双摄并行的航拍机

图 2-5　Air 3 飞行器

下面详细介绍 Air 3 飞行器上的各种部件。
❶ 全向视觉系统。
❷ 一体式云台相机：上面是中长焦相机；下面是广角相机。
❸ 脚架（内含天线）。
❹ 机头指示灯。
❺ 电机。
❻ 螺旋桨。
❼ 增强图传模板仓。
❽ 下视视觉系统。
❾ 三维红外传感系统。

17

⑩ 补光灯。
⑪ 智能飞行电池。
⑫ 电池卡扣：按住卡扣可把电池从飞行器中取出来。
⑬ 电池电量指示灯。
⑭ 电池开关：短按一次，再长按 2 秒就可开机。
⑮ 飞行器状态指示灯。
⑯ 内含充电 / 调参接口（USB-C）和 Micro SD 卡槽。

2. 认识 Air 3 遥控器

大疆 Air 3 无人机可使用 DJI RC-N2 遥控器和 DJI RC-2 带屏遥控器。DJI RC-N2 遥控器需要连接手机，DJI RC-2 带屏遥控器不需要连接手机。

下面以 DJI RC-2 带屏遥控器为例，详细介绍上面的各功能按钮，帮助大家掌握遥控器上各功能的作用和使用方法，如图 2-6 所示。

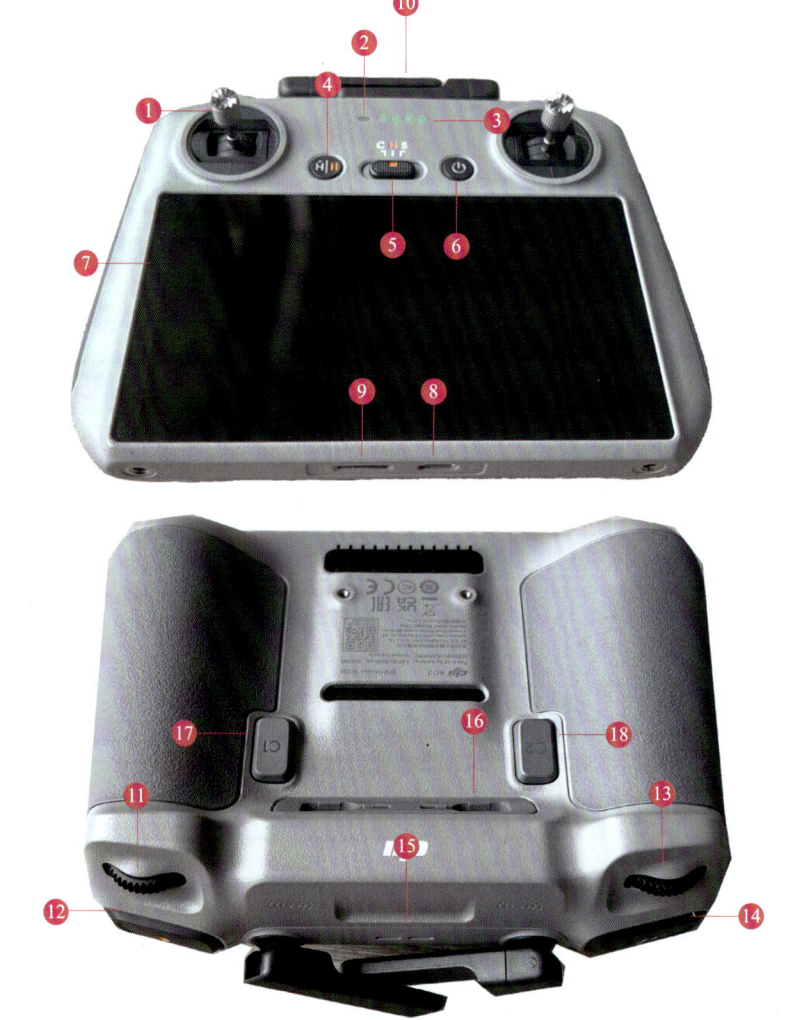

图 2-6　DJI RC-2 遥控器

下面详细介绍遥控器上的各种功能。

❶ 摇杆：摇杆可拆卸，用于控制飞行器飞行，在 DJI Fly App 中可设置摇杆操控方式。

❷ 状态指示灯：显示遥控器的系统状态。

❸ 电量指示灯：显示当前遥控器的电池电量。

❹ 急停 / 智能返航按键：短按可以使飞行器紧急刹车并在原地悬停，或在全球卫星导航系统（global navigation satellite system，GNSS）和视觉系统生效时长按启动智能返航，再短按一次取消智能返航。

❺ 飞行挡位切换开关：用于切换飞行挡位，分别为平稳挡、普通挡和运动挡。

❻ 电源按键：短按一次，再长按两秒开启 / 关闭遥控器电源。短按可查看遥控器的电量。当遥控器开启时，短按可切换息屏和亮屏状态。

❼ 触摸显示屏：可点击屏幕进行操作，使用时请注意为屏幕防水（下雨天避免雨水打湿屏幕），防止屏幕进水损坏。

❽ 充电 / 调参接口（USB-C）：用于遥控器充电或连接遥控器至电脑。

❾ Micro SD（Secure Digital Memory Card，存储卡）卡槽：可插入 SD 卡。

❿ 天线：传输飞行器控制和图传无线信号。

⓫ 云台俯仰控制拨轮：拨动调节云台俯仰角度。

⓬ 录像按键：开始或停止录像。

⓭ 相机控制拨轮：默认控制相机平滑变焦，可在 DJI Fly 相机的"系统设置→操控→遥控器自定义按键"界面中，设置为其他功能。

⓮ 对焦 / 拍照按键：半按可进行自动对焦，全按可拍摄照片，短按可以返回到拍照模式（仅适用于录像模式）。

⓯ 扬声器：用来输出声音。

⓰ 摇杆收纳槽：用于放置摇杆。

⓱ 自定义功能按钮 C1：默认为"云台回中 / 朝下切换"功能，可在 DJI Fly 相机的"系统设置→操控→遥控器自定义按键"界面中，设置为其他功能。

⓲ 自定义功能按钮 C2：默认为开启 / 关闭补光灯，可在 DJI Fly 相机的"系统设置→操控→遥控器自定义按键"界面中，设置为其他功能。

大疆 Air 系列无人机从 Mavic Air 到 Air 3，每一款都在性能、拍摄能力、飞行时间和避障系统等方面进行了不断的升级和优化。用户可以根据自己的需求和预算，选择最适合自己的无人机型号。无论是专业摄影师还是业余爱好者，都能在大疆 Air 系列中找到满意的选择。

2.1.4 认识 Air 3S 无人机

2024 年 10 月 15 日，大疆全新一代双摄旗舰旅拍无人机 Air 3S 发布，如图 2-7 所示，这也是 Air 3 的升级版本。

相较于 Air 3 无人机，Air 3S 无人机升级了很多功能，下面进行详细介绍。

① 一是主摄像素的变化：Air 3S 采用 1 英寸 CMOS 主摄，像素高达 5000 万，相比 Air 3 的 1/1.3 英寸传感器和 4800 万像素，在画质和细节捕捉方面有了显著提升。

这种升级使得 Air 3S 在风景拍摄、日常记录及需要高画质输出的场景中都能呈现出更加细腻丰富的画面细节。

图 2-7　Air 3S 无人机

②　二是避障的差别：Air 3S 采用了全向双目视觉系统、底部红外传感器、尾部视觉传感器及前向激光雷达，实现了 360°无死角避障。而 Air 3 虽然也具备一定的避障能力，但主要依赖视觉传感器进行避障，在复杂环境下的表现可能不如 Air 3S 稳定。

③　三是返航的差别：Air 3S 支持新一代高级智能返航功能，能够更准确地识别返航路径上的障碍物并避开。而 Air 3 虽然也配备了智能返航功能，但在避障精度和稳定性方面可能稍逊于 Air 3S。

④　四是夜间飞行的差别：大疆 Air 3S 引入大疆首个前视激光雷达，能建立空间地图并记忆飞行路线循迹飞回，可以夜间返航和无 GPS 返航，并升级成 1lux 光照都能用的夜景级全向视觉避障。

⑤　五是存储上的区别：内置存储从 8GB 提升到 42GB。

总之，这两款无人机虽然有一些性能上的区别，但都是表现非常出色的无人机。先买了 Air 3 的就好好享受 Air 3 的功能，将其发挥到极致，如果还没买的摄友，就买 Air 3S，从某种程度上讲，买新不买旧，用户可以根据自己的实际需求和预算进行选择。

2.2　特色优势：满足用户多样化的创作需求

大疆 Air 3 无人机作为一款功能强大的航拍设备，具备多项特色功能，这些功能不仅提升了无人机的拍摄能力，还增强了飞行的安全性和便捷性。本节以大疆 Air 3 无人机为例，介绍其具体特色和优势。

2.2.1 高质量双摄系统

Air 3 无人机配备了广角相机和 3 倍中长焦相机，如图 2-8 所示，提供了丰富的拍摄视角和选择。广角相机适合拍摄风景和大场景，能够捕捉到更广阔的视野；而中长焦相机则能更好地突出主体，拍摄出更具层次感的照片和视频。

图 2-8　Air 3 无人机配备了广角相机和 3 倍中长焦相机

Air 3 无人机的中长焦相机具有较强的视觉独特性和拍摄实用性，能获得在透视等观感上的差异化体验，如图 2-9 所示，同时 Air 3 无人机的高像素优势，为裁剪提供了较大的空间。

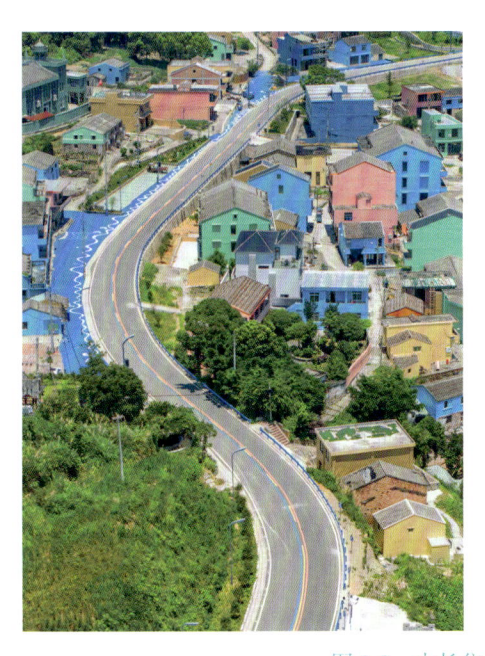

图 2-9　中长焦相机拍摄到的画面

这种设计提供了不同的焦段，允许用户拍摄出更丰富和一致的画质。尤其中长焦相机镜头，能够显著压缩画面中的空间感，使得远处的物体看起来比实际更近，增强了画面的透视效果。同时，它还能更好地控制景深，突出拍摄主体，增强画面的层次感。

对于无法近距离接近的拍摄对象，如野生动物、体育赛事中的运动员或远处的风景等，中长焦镜头能够让你在不惊扰被摄对象的情况下，捕捉到清晰、生动的画面。

中长焦镜头为摄影师提供了更多的构图选择。通过调整焦距和拍摄距离，摄影师可以创造出独特的视角和构图方式，使画面更具视觉冲击力和艺术感。

2.2.2 无损竖拍功能

大疆 Air 3 无人机具备竖拍功能，这对于需要拍摄竖屏视频的用户来说是一个非常实用的特色。

竖拍模式使得无人机能够拍摄出更符合手机、平板电脑等移动设备屏幕比例的视频，如图 2-10 所示。这对于在社交媒体上分享视频内容尤为重要。竖屏视频能够占据更多的屏幕空间，吸引更多的注意力，同时也更符合用户的观看习惯。

对于喜欢户外旅行和航拍的用户来说，竖拍功能能够让他们在拍摄山川、河流、城市等景观时拥有更多的选择和可能性，从而创作出更具个性和创意的作品。

在影视制作和广告拍摄等领域，竖拍功能为摄影师和导演提供了更多的拍摄手法和视角选择，有助于创作出更具视觉冲击力和艺术感染力的作品。

竖拍功能的出现打破了传统无人机拍摄的局限性，为拍摄者提供了更多的创作灵感和想象空间。他们可以尝试不同的拍摄角度和构图方式，探索出更多独特的拍摄风格和表现手法，也使得拍摄者能够更好地适应市场变化并创作出符合市场需求的作品。

图 2-10 竖拍视频画面

2.2.3 长续航与高海拔飞行

大疆 Air 3 无人机在续航方面实现了显著提升,其最长飞行时间可达 46 分钟。

需要注意的是,这只是一个理论值,实际飞行时间可能会受到多种因素的影响,如环境温度、飞行速度、飞行高度、风力条件及是否开启录像模式等。

大疆 Air 3 无人机在高海拔飞行方面同样表现出色,其最大飞行海拔高度可达 6000 米。这一数据表明,大疆 Air 3 无人机不仅适用于低海拔地区的航拍任务,还能够在高海拔、复杂气候条件下进行稳定的飞行和拍摄,如图 2-11 所示。

图 2-11 在高海拔条件下进行稳定的飞行和拍摄

为了支持高海拔飞行,大疆 Air 3 无人机采用了以下技术。

① 先进的飞行控制系统:Air 3 无人机搭载了全新的飞行控制系统,能够在高海拔、低气压等极端环境下保持稳定的飞行姿态和性能。

② 增强的动力系统:更大尺寸的桨叶和更强大的电机为 Air 3 无人机提供了充足的动力支持,使其能够在高海拔地区轻松起飞和飞行。

③ 优化的空气动力学设计:通过优化机身结构和桨叶设计,Air 3 无人机在高海拔地区能够更有效地利用空气动力,提高飞行效率和稳定性。

综上所述,大疆 Air 3 无人机在续航能力和高海拔飞行方面均具备出色的性能表现。这些优势使得 Air 3 成为一款适合各种复杂环境和拍摄需求的航拍利器。在实际使用过程中,用户仍需根据具体情况调整飞行参数和策略,以确保飞行安全和拍摄效果。

2.2.4 远程遥控与高清图传

大疆 Air 3 无人机支持远程遥控功能,但需要注意的是,其遥控距离受到多种因素的影响,包括飞行环境、信号干扰、电池电量等。在理想条件下,大疆 Air 3 的遥控距离可以达到相当远的范围，但具体数值可能会因实际情况而有所不同。

为了提升遥控的便捷性和稳定性，大疆 Air 3 提供了多种遥控器选项，包括标准 DJI RC-N2 遥控器和 DJI RC-2 带屏遥控器等，DJI RC-2 带屏遥控器在外观上的变化就是多了天线，如图 2-12 所示。这些遥控器均具备先进的通信技术和稳定的信号传输能力，能够确保在遥控距离内对无人机进行精准控制。

图 2-12　DJI RC-2 带屏遥控器上有天线

大疆 Air 3 无人机在高清图传方面同样表现出色，其采用了新一代 O4 高清图传技术，不仅实现了远达 20 公里（在 FCC 标准下，中国大陆地区采用 SRRC 标准，最远图传通信距离为 10 公里）的全高清图像传输，进一步增强了抗干扰能力，提升了传输稳定性。

具体来说，O4 图传技术带来了以下优势。

① 远距离传输：在理想条件下，O4 图传技术能够实现 20 公里的全高清图像传输，这对于需要远距离拍摄的场景来说非常有用。

② 高清画质：O4 图传支持最高 1080p 60 帧 / 秒的图像传输，这意味着用户可以在遥控器上实时预览到清晰、流畅的拍摄画面。

③ 抗干扰能力强：O4 图传技术采用全新的硬件方案和通信算法，增强了抗干扰能力，即使在复杂环境下也能保持稳定的信号传输。

此外，大疆 Air 3 还支持新一代 DJI 增强图传模块（为 DJI Cellular 模块的升级版本），该模块可直接插入飞行器内部，让 Air 3 能够高效接入 4G 网络，进一步提升图传的稳定性和可靠性。

综上所述，大疆 Air 3 无人机在远程遥控与高清图传方面均具备出色的性能表现。这些优势使得 Air 3 成为一款适合各种拍摄需求、能够提供高质量拍摄体验的无人机产品。

2.2.5 全向避障与先进的稳定技术

大疆 Air 3 引入了全向避障技术,这一技术显著提升了飞行的安全性,让用户拍摄更加放心。全向避障系统通过集成多颗传感器(如四颗鱼眼相机和 ToF 测距传感器),实现了对无人机周围环境的全方位监测。在飞行过程中,这些传感器能够实时检测并识别障碍物,随后根据预设的避障策略,如绕行、刹停等,自动调整飞行路径,从而有效避免碰撞事故的发生。

全向避障技术的优势在于其全面性和灵活性。相比传统的单向或双向避障系统,全向避障能够覆盖无人机周围的所有方向,确保在任何飞行姿态下都能及时发现并避开障碍物。同时,用户还可以根据实际需求调整避障的程度,以满足不同飞行场景下的安全需求。

大疆 Air 3 在稳定技术方面也达到了新的高度。这款无人机采用大疆成熟的稳定技术,包括 3 轴云台和先进的飞行控制系统。3 轴云台通过精密的机械结构和电机驱动,能够有效隔离飞行过程中的震动和抖动,确保相机拍摄出的画面始终保持清晰稳定。

此外,大疆 Air 3 还配备了 GPS/GLONASS 双模导航系统,这一系统能够实时接收卫星信号,为无人机提供精确的定位和导航信息。在飞行过程中,无人机能够根据导航系统的指引自动调整飞行姿态和速度,保持稳定的飞行轨迹和高度。

除了硬件方面的支持外,大疆 Air 3 还通过先进的算法和智能技术进一步优化了稳定性能。例如,无人机内置的算法能够实时分析飞行数据和环境信息,自动调整飞行参数以应对不同的飞行条件。同时,智能飞行模式(如跟随模式、环绕模式等)的加入也使得用户能够更加方便地拍摄出稳定、流畅的视频作品。

综上所述,大疆 Air 3 无人机在全向避障与先进的稳定技术方面均展现出了卓越的性能。这些技术的应用不仅提升了无人机的飞行安全性和稳定性,还为用户带来了更加便捷、高效的拍摄体验。

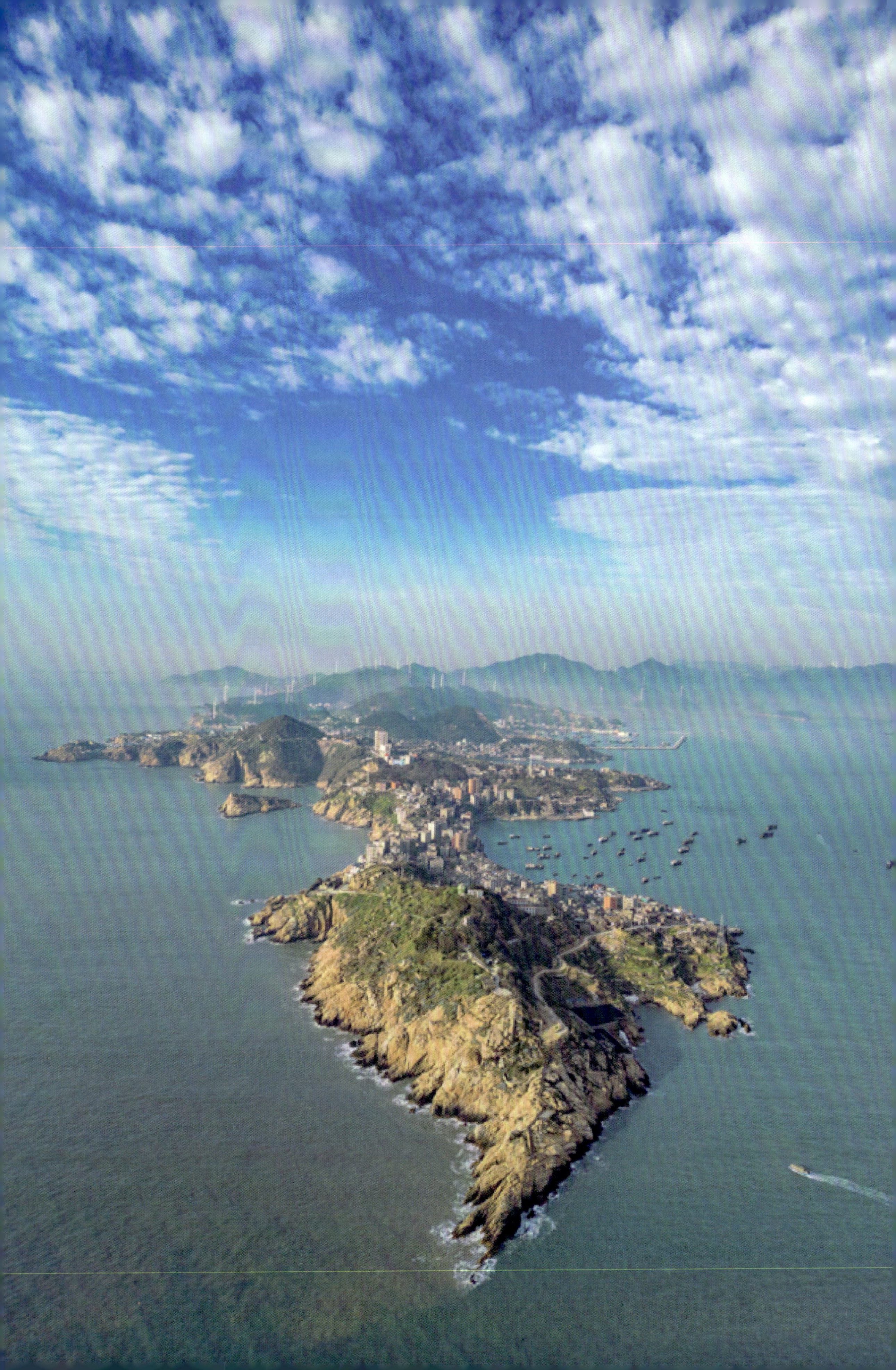

| 第 3 章 |

御系列：
专业摄影师首选的高端航拍机

大疆公司在发布了大疆 Mavic 3 和大疆 Mavic 3 Classic 经典款之后，2023 年 4 月 25 日，重磅发布了 Mavic 3 系列的新款机型——大疆 Mavic 3 Pro。御 3 Pro 配备了三颗摄像头，支持全焦段光学变焦，影像能力更强大了。本章将向大家介绍御系列的无人机，这也是专业摄影师们首选的高端航拍机。

3.1 系统介绍：认识与了解御系列无人机

大疆御系列（DJI Mavic 系列）的无人机包含多种型号，每个型号都有其独特的特点和优势。目前，大疆 Mavic Pro、大疆 Mavic 2、大疆 Mavic 3 已不在官网进行销售。本节带领大家认识与了解御系列无人机，帮助大家选择适合自己的高端航拍机。

3.1.1 认识 Mavic Pro 无人机

大疆 Mavic Pro 无人机是 2016 年 9 月 27 日由大疆创新发布的一款便携式无人机，如图 3-1 所示。Mavic Pro 采用可折叠设计，使得机身在折叠状态下非常小巧，便于携带和存放。

图 3-1　大疆 Mavic Pro 无人机

大疆 Mavic Pro 无人机配备了 1200 万像素的航拍相机，支持每秒 30 帧的 4K 视频和每秒 96 帧的 1080p 视频拍摄。其 3 轴增稳云台保证了航拍画面的稳定性。

大疆 Mavic Pro 无人机拥有基于 Flight Autonomy 系统的智能飞行控制功能，包括自动追踪目标和 Tap Fly（指点飞行）等。

在最佳状态下，Mavic Pro 无人机的飞行时间长达 27 分钟，图传距离最远可达 7 公里。还具有强大的抗风性能，能在高达 38.5 公里/时的风速下保持稳定悬停或飞行姿态。

大疆 Mavic Pro 无人机采用了 OcuSync 高清图像传输技术，即使在信号拥堵的情况下也具有很强的抗干扰性。具备智能跟随模式，能识别并自主跟随目标物体。支持遥控器、手机及遥控器结合手机的操作方式。

这些特点使 Mavic Pro 无人机成为一款性能强大的便携式无人机，适合多种航拍需求。

3.1.2 认识 Mavic 2 系列无人机

大疆 Mavic 2 系列无人机包括两个主要型号：Mavic 2 Pro（专业版）和 Mavic 2 Zoom（变焦版），这两个型号都继承了大疆 Mavic 系列无人机的高度便携性和先进技术，下面进行相应的介绍。

1. 认识 Mavic 2 Pro 无人机

图 3-2 为大疆 Mavic 2 Pro 无人机，也采用了可折叠设计，方便携带。搭载 1 英寸 CMOS 哈苏 L1D-20c 镜头，具有 2000 万像素。具备 4K 视频拍摄能力，支持最高 100 Mbit/s 的视频码率。并配备了 10 个传感器，用于全方位的环境感知和避障。

图 3-2 大疆 Mavic 2 Pro 无人机

这款无人机配备了先进的 APAS 高级飞行辅助系统和多个传感器，包括前、后、左、右、上、下六个方向的环境感知，提高了飞行的安全性。

具备多种智能飞行模式，如智能跟随、Tap Fly（指点飞行）等，使得操作更加简便。内置 8GB 内存，侧面提供 Type-C 接口，支持数据导出。

遥控器具有新的改进点，如侧面滑块可在不同飞行模式间切换。摇杆是可拆卸的，提高了便携性。

总之，Mavic 2 Pro 是一款集高性能、便携性和先进技术于一体的消费级无人机，非常适合专业摄影师和航拍爱好者使用。

2. 认识 Mavic 2 Zoom 无人机

图 3-3 为大疆 Mavic 2 Zoom 无人机，大部分功能与 Mavic 2 Pro 无人机一致，不过大疆 Mavic 2 Zoom 无人机与 Mavic 2 Pro 无人机虽然都属于 Mavic 2 系列，但在一些关键特性和功能上存在差异。

图 3-3 大疆 Mavic 2 Zoom 无人机

下面为大家介绍相应的差异。

① 相机和传感器：Mavic 2 Pro 无人机搭载 1 英寸 CMOS 哈苏 L1D-20c 镜头，具有 2000 万像素，提供了更高的图像质量和更好的低光表现；Mavic 2 Zoom 无人机采用了 1/2.3 英寸 CMOS 传感器，有效像素约 1200 万，等效焦距为 24~48 毫米和 48~96 毫米。

② 变焦能力：Mavic 2 Pro 无人机没有光学变焦功能，但提供固定的广角视角；Mavic 2 Zoom 无人机具有 2 倍光学变焦和 2 倍电子变焦，为摄影师提供了更多的构图灵活性。

③ 视频拍摄：Mavic 2 Pro 无人机支持 4K 视频拍摄，提供更高的视频质量和动态范围。Mavic 2 Zoom 无人机同样支持 4K 视频拍摄，但由于传感器的尺寸较小，可能在低光条件下的表现不如 Mavic 2 Pro 无人机。

④ 避障和环境感知系统：两款无人机都配备了全方位的环境感知和避障系统，但在具体的传感器布局和性能上可能有所不同。

⑤ 续航能力：两款无人机的续航能力相似，但具体飞行时间可能因使用条件和飞行模式而略有差异。

⑥ 应用场景：Mavic 2 Pro 无人机更适合需要高图像质量和广角拍摄的场景；Mavic 2 Zoom 无人机则更适合需要变焦能力来捕捉不同视角和细节的场景。

⑦ 价格：Mavic 2 Pro 无人机通常价格更高，由于其配备的哈苏相机和更大尺寸的传感器。

总的来说，这两款无人机各有特点，用户可以根据自己的需求和预算来选择合适的型号。

3.1.3 认识 Mavic 3 系列无人机

Mavic 3 系列无人机包含 Mavic 3 Classic、Mavic 3 及 Mavic 3 Pro 三种型号，如图 3-4 所示。

图 3-4　Mavic 3 系列无人机

各自具有独特的特点，下面介绍其各自的差异特点。

① 相机系统：Mavic 3 配备 4/3 CMOS 哈苏相机（有效像素 2000 万）和 1/2 英寸 CMOS 长焦相机（有效像素 1200 万）；Mavic 3 Classic 只配备 4/3 CMOS 哈苏相机（有效像素 2000 万），没有长焦相机；Mavic 3 Pro：拥有 4/3 CMOS 哈苏相机（有效像素 2000 万）、1/1.3 英寸 CMOS 中长焦相机（有效像素 4800 万）和 1/2 英寸 CMOS 长焦相机（有效像素 1200 万）。也就是相机镜头的个数各不相同。

② 焦段选择：Mavic 3 和 Mavic 3 Classic 提供较为基础的焦段选择；Mavic 3 Pro 提供更丰富的焦段选择，包括中长焦和长焦相机，适合需要更多拍摄选项的用户。

③ 飞行性能：Mavic 3 和 Mavic 3 Classic 的最长飞行时间为 46 分钟；Mavic 3 Pro 的最长飞行时间为 43 分钟。

④ 避障和感知系统：这三款无人机都配备了先进的避障和感知系统，但在具体的传感器布局和性能上可能存在细微差异。

⑤ 价格：Mavic 3 Classic 是三者中价格最低的，因为它缺少了长焦相机。Mavic 3 Pro 由于配备了更多的相机和功能，通常价格最高。

⑥ 应用场景：Mavic 3 Classic 适合那些更注重哈苏相机画质和基础航拍需求的用户；Mavic 3 适合需要更多焦段选择但不需要顶级配置的用户；Mavic 3 Pro 则适合那些需要全面相机功能和极高影像质量的专业摄影师和航拍爱好者。

综上所述，这三款无人机各有侧重点，用户可以根据自己的需求和预算来选择合适的型号。

下面以 Mavic 3 Pro 无人机为例，带领大家认识御系列无人机的飞行器和遥控器，让用户对御系列无人机有一个全面的了解。

1. 认识 Mavic 3 Pro 飞行器

大疆 Mavic 3 Pro 是一款先进的无人机，其出现标志着航拍进入了多焦段时代。这款无人机配备了哈苏主摄和两颗长焦相机，能够提供广角、中长焦和长焦三种焦段的拍摄选择，极大地丰富了艺术创作手段，提升了航拍的叙事感。

大疆 Mavic 3 Pro 配备了 4/3 CMOS 哈苏相机和两颗长焦相机。哈苏相机支持拍摄 11-bit RAW 格式照片，原生动态范围高达 12.8 级，可拍摄高达 5.1K 50 帧/秒的视频。长焦相机包括 70 毫米和 166 毫米两个焦段，支持拍摄 4K 60 帧/秒视频，最高可达 4800 万像素的照片。

大疆 Mavic 3 Pro 飞行器在刚取出来的时候，外面有一个黑色的保护罩，当取下保护罩之后，我们就可以展开它的 4 个机臂，再开启电源并起飞无人机。下面带大家认识展开机臂之后的飞行器，如图 3-5 所示。

图 3-5　御 3 Pro 飞行器

下面详细介绍御 3 Pro 飞行器上的各种部件。

❶ 一体式云台相机：左上是长焦相机；右上是中长焦相机；下方是哈苏相机。
❷ 水平全向视觉系统。
❸ 补光灯。
❹ 下视视觉系统。
❺ 红外传感系统。
❻ 机头指示灯。
❼ 电机。
❽ 螺旋桨。
❾ 飞行器状态指示灯。

⑩ 脚架（内含天线）。
⑪ 上视视觉系统。
⑫ 智能飞行电池。
⑬ 电池电量指示灯。
⑭ 电池开关：短按一次，再长按 2 秒就可开机。
⑮ 电池卡扣：按住卡扣可把电池从飞行器中取出来。
⑯ 内含充电 / 调参接口（USB-C）和 Micro SD 卡槽。

2. 认识 Mavic 3 Pro 遥控器

大疆御 3 Pro 系列的无人机可使用 DJI RC-N1 遥控器、DJI RC 带屏遥控器和 DJI RC Pro 带屏遥控器。DJI RC-N1 遥控器需要连接手机，剩下的两款遥控器不需要连接手机。

下面以 DJI RC 遥控器为例，详细介绍上面的各功能按钮，帮助大家掌握遥控器上各功能的作用和使用方法，如图 3-6 所示。

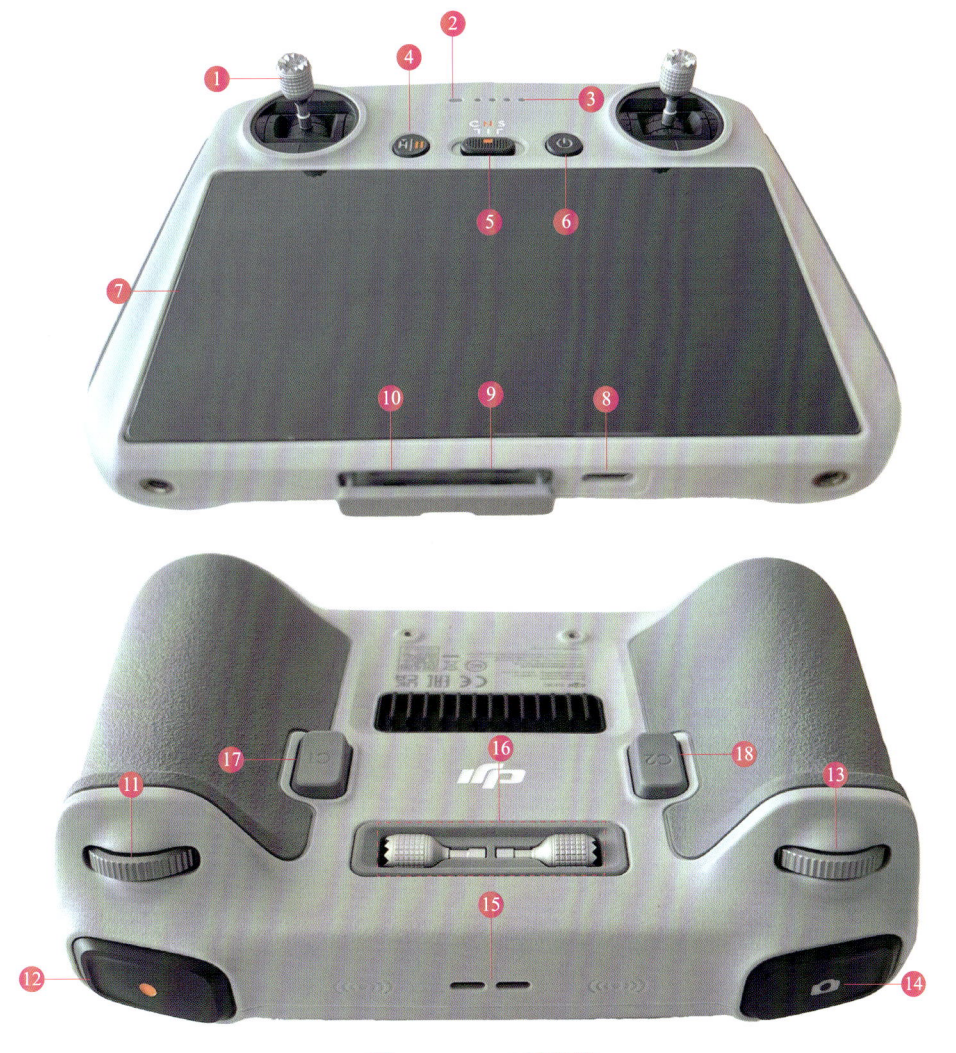

图 3-6　DJI RC 遥控器

下面详细介绍遥控器上的各种功能。

❶ 摇杆：可拆卸，用于控制飞行器飞行。在 DJI Fly App 中可设置操控方式。

❷ 状态指示灯：显示遥控器的系统状态。

❸ 电量指示灯：显示当前遥控器的电池电量。

❹ 急停 / 智能返航按键：短按可以使飞行器紧急刹车并在原地悬停，或在全球卫星导航系统（global navigation satellite system，GNSS）和视觉系统生效时长按启动智能返航，短按一次取消智能返航。

❺ 飞行挡位切换开关：用于切换飞行挡位，分别为平稳挡、普通挡和运动挡。

❻ 电源按键：短按一次，再长按两秒开启 / 关闭遥控器电源。短按可查看遥控器的电量。当遥控器开启时，短按可切换息屏和亮屏状态。

❼ 触摸显示屏：可点击屏幕进行操作，使用时请注意为屏幕防水（下雨天避免雨水打湿屏幕），防止屏幕进水损坏。

❽ 充电 / 调参接口（USB-C）：用于遥控器充电或连接遥控器至电脑。

❾ Micro SD（Secure Digital Memory Card，存储卡）卡槽：可插入 SD 卡。

❿ Host 接口（USB-C）：预留接口。

⓫ 云台俯仰控制拨轮：拨动调节云台俯仰角度。

⓬ 录像按键：开始或停止录像。

⓭ 相机控制拨轮：默认控制相机平滑变焦，可在 DJI Fly 相机的"系统设置→操控→遥控器自定义按键"界面中，设置为其他功能。

⓮ 对焦 / 拍照按键：半按可进行自动对焦，全按可拍摄照片，短按可以返回到拍照模式（仅适用于录像模式）。

⓯ 扬声器：用来输出声音。

⓰ 摇杆收纳槽：用于放置摇杆。

⓱ 自定义功能按钮 C1：默认为"云台回中 / 朝下切换"功能，可在 DJI Fly 相机的"系统设置→操控→遥控器自定义按键"界面中，设置为其他功能。

⓲ 自定义功能按钮 C2：默认为补光灯，可在 DJI Fly 相机的"系统设置→操控→遥控器自定义按键"界面中，设置为其他功能。

对于追求高画质和丰富拍摄功能的用户来说，Mavic 3 Pro 无疑是最佳选择；而对于预算有限或仅需基本拍摄功能的用户来说，Mavic 3 Classic 则是一个性价比较高的选择；而 Mavic 3 介于两者之间，提供了均衡的性能和较高的性价比。

3.2 特色优势：为用户提供极致的航拍体验

随着无人机技术的不断发展，无人机航拍已经成为视觉创作领域中备受关注的一种。在众多无人机品牌中，大疆创新以其卓越的技术和质量脱颖而出。其中，大疆御 3 系列作为其旗舰产品，被广泛认可，成为创作利器。

本节介绍大疆御 3 系列的卓越性能和特色优势。

3.2.1 卓越的飞行性能

御 3 系列无人机配备了先进的飞行控制系统，能够提供稳定且精准的飞行体验。无论是悬停还是高速飞行，它都能保持出色的稳定性。

御 3 系列具备全向避障感知系统，能够检测前、后、左、右、上、下六个方向的环境，有效避免飞行中的碰撞，提高了飞行的安全性，如图 3-7 所示。

图 3-7　全向避障感知系统

御 3 系列无人机配备了大容量电池，最长飞行时间可达 46 分钟，最大续航里程 30 公里，为用户提供了充足的拍摄时间。

通过优化的动力系统和能源管理策略，御 3 系列无人机在飞行过程中能够更有效地利用能源，延长飞行时间。

通过智能飞行模式、高精度的定位系统及稳定的飞行姿态控制，创作者可以轻松实现各种复杂的拍摄和飞行动作。同时，支持智能跟随功能，让无人机能够自动跟随目标物体进行拍摄。这种灵活性和精确性为创作者提供了丰富多样的创作可能性。

3.2.2 出色的影像系统

御 3 系列无人机配备了高分辨率的相机，例如，Mavic 3 Pro 配备了 4/3 CMOS 哈苏相机，有效像素达到 2000 万，能够捕捉高质量的静态图片，如图 3-8 所示。

Mavic 3 Pro 特别搭载了三摄像头系统，包括一个 4/3 CMOS 哈苏相机、一个 1/1.3 英寸 CMOS 中长焦相机和一个 1/2 英寸 CMOS 长焦相机，这样的配置提供了从广角到长焦的多样化拍摄选择。

御 3 系列中的哈苏相机是由大疆与哈苏合作开发的，这意味着无人机能够提供与专业地面摄影设备相媲美的影像质量。

图 3-8 捕捉高质量的静态图片

这些无人机支持高达 5.1K 的视频分辨率，能够以多种格式录制，包括 H.264 和 H.265，为用户提供了丰富的后期处理选择。

御 3 系列支持多种色彩模式，如普通、HLG、D-Log m 等，这些模式有助于在不同拍摄环境下获得最佳的色彩表现。

御 3 系列的相机支持高动态范围（HDR）拍摄，能够在高对比度场景下捕捉更多的细节。搭载分米级的高精度定位系统，可以帮助用户拍出画面更清晰的长曝光作品，在拍摄延时摄影时也能带来更流畅的画面。

御 3 系列支持快速的数据传输和存储，部分型号甚至提供高达 1TB 的内置存储空间，方便用户在现场快速备份和编辑影像。

御 3 系列的影像系统在专业航拍领域得到了广泛认可，其提供的画质和功能满足了专业摄影师和航拍爱好者的需求。

3.2.3　专业的性能与操控体验

大疆御 3 系列无人机在性能与操控体验方面表现出色。御 3 系列无人机配备了大疆最新的飞行控制系统，提供稳定的悬停和流畅的飞行体验。

其最大水平飞行速度可达 21 米 / 秒，这使得它能够快速穿越空域，捕捉精彩瞬间。最大起飞海拔高度达到 6000 米，为在高海拔地区的拍摄提供了可能，满足了专业创作者在极端环境下的需求。抗风能力方面，它能够抵御 12 米 / 秒的强风，确保在复杂气象条件下依然能够稳定飞行，保障拍摄任务的顺利进行。

遥控器设计简洁直观，飞行界面易于上手，如图 3-9 所示。还有多种智能飞行模式，可以满足不同的飞行需求，即使是初学者也能轻松操控。

图 3-9 飞行界面

用户可以根据自己的飞行习惯和需求，自定义飞行参数，如飞行速度、摇杆灵敏度等。除了遥控器，御 3 系列还支持手机操控，通过 DJI Fly App 可以实现更加精细的飞行控制。

一键起飞和降落功能，使得起飞和降落操作变得简单快捷。智能返航和紧急停止功能，为飞行安全提供了额外的保障。

总的来说，御 3 系列无人机在保持高性能的同时，也提供了非常友好的操控体验，无论是对于专业摄影师还是航拍初学者，都能满足其需求，这也是其广受欢迎的重要原因之一。

3.2.4 便于携带和快速充电

御 3 系列无人机机身紧凑小巧，方便用户携带出行。同时，折叠设计使得存放和运输更加便捷，如图 3-10 所示。

图 3-10 折叠设计

支持快速充电技术，使用充电管家，在短时间内即可为智能飞行电池充满电，满足用户频繁拍摄的需求，如图 3-11 所示。

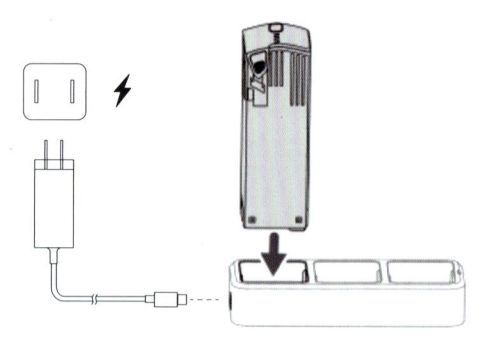

图 3-11　使用充电管家为智能飞行电池充电

综上所述，御 3 系列无人机以其强大的性能、丰富的功能和优秀的用户体验，为用户提供了极致的航拍体验。无论是专业摄影师还是航拍爱好者，都能在这一系列的无人机中找到满足自己需求的拍摄工具。

| 第 4 章 |

构图笔记：
展现画面的视觉吸引力和美感

航拍最显著的特点就是能够从高空俯瞰地面，这种独特的视角能够展现平时难以见到的宏大场景，如城市的全貌、山川河流的蜿蜒、广袤的农田等。通过精心构图，可以更加突出这些景观的壮丽与震撼。构图不仅仅是物体的摆放，更是情感的传递。通过选择特定的拍摄角度、线条、色彩等元素，可以引导观众的视线，并激发他们的情感共鸣。本章将为大家介绍一些航拍构图技巧。

4.1 构图角度：展现不同的视觉效果

航拍摄影，让我们拥有了摄影视角和摄影机位的自由度，除了具备俯瞰这一基础视角外，还能带我们深入到传统相机难以到达的拍摄点，尤其是无人机航拍，其小巧又易操控，以贴近地面、贴近被摄物的视角去拍摄画面。航拍摄影的所有构图技巧都可以遵循传统相机拍摄的技巧点，同时也具有其独特性。

无人机可以去到很多人平常去不了的地方，比如将无人机飞到西湖三潭印月附近，以极为贴近湖面的角度，拍摄清晨石塔上的鸟，如图 4-1 所示。

图 4-1 无人机贴近湖面拍摄清晨石塔上的鸟

将无人机飞到一片行人无法进入的花丛上方进行拍摄，如图 4-2 所示，避免踩踏花朵。

图 4-2　无人机从花丛上方进行拍摄

无人机也可以替代我们的双脚以更快的速度、更低的成本抵达拍摄目的地，减少地面拍摄的众多风险，如在沙漠中拍摄车辆难以到达的盐湖，如图 4-3 所示。

图 4-3　在沙漠中拍摄车辆难以到达的盐湖

无人机还可以成为寻景的工具，当初次升起无人机时，不必急于进行拍摄，可以利用无人机的高度优势先探寻一番周边的景观，探索出适合入镜的景物，完成探索后，再进行拍摄或等待光线等条件更优时再拍摄，如图 4-4 所示。

图 4-4　无人机还可以成为寻景的工具

可以先记录下拍摄轨迹，待到下一个拍摄时间点载入之前的轨迹，即能达到同一机位不同时段拍摄的目的。

构图角度在摄影和摄像中起着至关重要的作用，它决定了观众如何看到和理解图像。本节为大家介绍一些航拍角度和拍摄技巧。

4.1.1　从平视角度航拍

平视是指在用无人机拍摄时，平行取景，取景镜头与被摄物体的高度一致，这样可以展现画面的真实细节。图 4-5 为使用平视角度航拍的建筑画面，平视拍摄的角度可以让画面更亲切一些，也符合人们的视觉观察习惯。

图 4-5　使用平视角度航拍的建筑画面

平视斜面构图可以规避一些对称感不够的缺陷，使用平视角度只拍摄建筑的一角，可以展现出很强烈的立体空间感，如图4-6所示。

图4-6 使用平视角度拍摄建筑的一角

4.1.2 从俯视角度航拍

俯视，简言之就是要选择一个比主体更高的拍摄位置，主体所在平面与摄影者所在平面形成一个相对大的夹角。俯拍构图拍摄地点的高度较高，拍出来的画面视角大，画面的透视感可以很好地体现，画面具有纵深感、层次感，如图4-7所示。

图 4-7　俯视角度航拍

俯拍角度的变化，带来的画面感受也是有很大区别的。图 4-8 为用无人机相机镜头垂直 90°朝下航拍的山西运城盐湖，展现出盐湖斑斓色块的构成感。

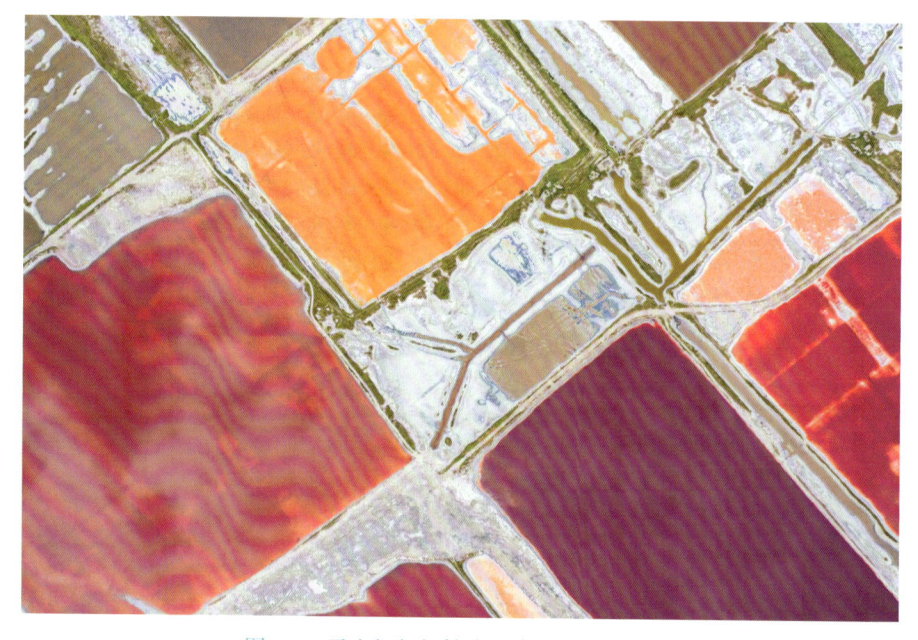

图 4-8　无人机相机镜头垂直 90°朝下航拍

4.1.3 从仰视角度航拍

仰拍会让画面中的主体散发出高耸、庄严、伟大的感觉，同时展现出视觉透视感。目前，大疆 Air 3 无人机的最大仰角可达 60°，适合用来拍摄高大的建筑。图 4-9 为使用仰拍角度航拍的悬空寺画面，上载危崖，下临深谷，背岩依龛，气势磅礴。

图 4-9　使用仰拍角度航拍的悬空寺画面

4.2 光线色彩：影响画面的氛围和质感

在航拍中，光线和色彩同样起着至关重要的作用，它决定了照片或视频的视觉感受和情感表达。本节介绍一些航拍时利用光线和色彩的技巧。

4.2.1 合理利用自然光

合理利用自然光是摄影艺术中的一项重要技能，它不仅能够提升画面的质量，还能赋予作品独特的氛围和情感。用户可以选择在黄金时刻航拍，在日出和日落时，太阳的角度较低，光线柔和且色彩丰富，能够突出被摄体的轮廓和质感。这是拍摄具有表现力和艺术感的照片或视频的最佳时机，如图 4-10 所示。

图 4-10　在日落时刻航拍

也要选择合适的时间和天气，晴朗的天空和少云的日子通常能提供更加清晰和明亮的画面。避免在中午阳光直射时进行拍摄，因为此时光线过强，容易产生过强的阴影和光斑。当然，虽然正午的阳光强烈且色温较高，但在某些情况下，例如，拍摄大场景或需要高对比度的画面时，也能产生独特的效果。

4.2.2 光线方向的利用

直射光是方向性最强的光线，能够产生强烈的明暗对比效果。在航拍中，可以利用直射光来突出画面中的主体或营造特定的氛围。由于正面直射的光线会消除主体的影子，可能导致主体看起来平面化，缺乏立体感。

逆光拍摄则能产生独特的艺术效果，如勾勒物体轮廓。在逆光条件下拍摄时，需要注意控制曝光以避免画面过暗或过曝。图 4-11 为在侧逆光环境下拍摄的风光画面。在拍摄山脉、建筑物或风景时，使用侧逆光，可以强调其立体感和形状。

图 4-11　在侧逆光环境下拍摄的风光画面

4.2.3　色彩对比与互补

利用色彩之间的对比可以突出画面中的主体，增强视觉冲击力。例如，在绿色的森林中拍摄红色的花朵，或在蓝色的海洋上拍摄白色的帆船，都能产生强烈的色彩对比效果。图 4-12 为俯视拍摄的梯田，黄色的土地和绿色的植被交相辉映，画面色彩极具冲击力。

图 4-12　黄色的土地和绿色的植被交相辉映

在光学中，两种色光以适当的比例混合而产生白光时，则这两种色光被称为"互补色"。如红色与青色、蓝色与黄色、绿色与品色等。在航拍中，可以运用互补色来形成强烈的视觉对比效果，相互衬托达到强化画面主题的目的。

色彩还可以影响情感表达，如红、橙、黄等色彩能够引发人们对温暖、热烈、活力的联想。在航拍中，可以通过运用暖色调来表达欢乐、喜庆或温馨等情感；如蓝、绿、青等色彩容易让人联想到冷静、理智、平静等感觉。在航拍中，可以通过运用冷色调来表达宁静、深邃或孤独等情感，在蓝调时刻航拍宁静的古镇，如图 4-13 所示。

图 4-13　在蓝调时刻航拍宁静的古镇

4.3　构图实战：使画面更加和谐和美观

无人机航拍构图和传统的摄影艺术是一样的，画面中所需要的要素都相同，包括主体、陪体和环境等。本节介绍一些构图实战技巧，使画面看起来更加和谐、美观。

4.3.1　水平线构图

水平线构图给人的感觉就是辽阔、平静，主要是以一条水平线来进行构图，利用水平线将画面分割为上下两部分，常用于拍摄风景，如山川、湖泊等。

比如，在海岸线上拍摄，将海平线置于画面底部，使天空和海面形成对比，创造出宁静和广阔的视觉效果，如图 4-14 所示，将水平线置于画面上方 1/3 处，让海面占据更多空间，营造出宁静、宽广的氛围。

第 4 章　构图笔记：展现画面的视觉吸引力和美感

图 4-14　水平线构图

4.3.2　三分线构图

三分线构图，顾名思义就是将画面从横向或纵向分为三个部分，这是一种非常经典的构图方法，是大师级摄影师偏爱的一种构图方式。将画面一分为三，比较符合人的视觉习惯，而且画面不会显得很单调。常用的三分线构图有两种：一种是横向三分线构图，另一种是纵向三分线构图。

图 4-15 为使用横向三分线构图拍摄的晚霞画面，天空占据了画面的三分之二左右，而地景占据了画面的三分之一左右，这样不仅可以使画面中的船只和建筑更加突出，而且还能体现出晚霞的壮丽。

纵向三分线构图的航拍手法是指将主体或辅体放在画面左侧或右侧三分之一的位置。在拍摄纵向三分线构图画面的时候，要注意留白的区域，如果主体的引导视线在左边，那么就把主体放在右侧三分线上，反之亦然。

图 4-15　横向三分线构图

把画面中突出的兴趣点——小树，放在右三分线上，左侧区域就很宽松，这样整体画面让人觉得非常舒适，如图 4-16 所示。

> **温馨提示**
>
> 　　九宫格构图和三分线构图都是基于黄金分割原理，即利用分割线或交点来安排画面中的元素，以达到视觉上的平衡和美感。不过，九宫格构图将画面平均分成九等份的格子，每个格子都是一个独立的单元；三分线构图则是将画面横纵各分成三等份，形成九个相等的部分，但没有明显的格子划分。

49

图 4-16　纵向三分线构图

4.3.3　前景构图

前景，就是位于拍摄主体与镜头之间的事物。前景构图是指利用恰当的前景元素来构图取景，可以使画面具有强烈的纵深感和层次感，同时也能极大地丰富画面的内容，使画面更加鲜活和饱满。

在拍摄时，我们要善于发现前景，如果没有自然的前景，也可以创造出一些前景，比如扩大焦段设计前景或者后期合成前景。

前景物体可以在画面中创建一个视觉层次，使得观众能够感受到物体之间的远近关系，从而增加画面的深度和立体感。

通过在前景中加入有趣的元素，如花朵、树叶、小动物等，可以增加画面的趣味性和生动性。在高空航拍时，云朵、云海也可以作为前景，让画面更有朦胧感、充满意境，如图 4-17 所示。

图 4-17　前景构图

摄影师可以选择前景中的物体、色彩、形状和纹理等元素来创造出不同的视觉效果和情感表达。通过巧妙地运用前景构图，摄影师可以创造出更具吸引力和艺术感的摄影作品。

4.3.4 中心构图

中心构图是一种将主体放置在画面中心位置的构图技巧。这种构图方式简单直接，主体在画面中占据中心位置，使得主体在视觉上非常突出，成为画面的焦点。

中心构图适合于快速捕捉瞬间或强调主题的场景，可以创造出对称和平衡的画面效果，使得画面更加和谐。虽然中心构图不强调引导视线，但在某些情况下，主体周围的空白区域可以引导观众的视线在画面中移动。

中心构图还可以用来表达情感，如孤独、宁静等，因为主体在画面中心，显得孤立或与周围环境隔绝。

我们在航拍的时候，如果拍摄的主体面积较大，或者极具视觉冲击力，此时可以把拍摄主体放在画面最中心的位置，采用中心构图进行拍摄。

图 4-18 为采用中心构图方式航拍的古建筑，将拍摄主体置于画面最中间的位置，可以聚焦观众的视线，重点传达所要表现的主体。

图 4-18 中心构图

在实际应用中，摄影师可以根据拍摄对象和场景的特点，灵活运用中心构图技巧，以创造出具有视觉冲击力和艺术感的摄影作品。

4.3.5 对称构图

对称构图是一种将画面中的元素排列成对称形状的构图技巧，按照一定的对称轴或对称中心来布局画面中的景物,形成左右或上下对称的效果。这种构图方式能够创造出和谐和宁静的感觉,因为对称的结构往往能够反映出自然界中常见的对称性。

对称构图通过将主体或兴趣点放置在画面的中心,并使其两侧的元素对称,从而创造出平衡和稳定的视觉效果,如图 4-19 所示。

图 4-19 对称构图

在拍摄湖泊或海面时,可以利用倒影形成对称构图,让画面更加稳定、和谐,同时增加视觉冲击力。

当然,在航拍画面中,视觉元素是比较多的,无法做到真正的左右或者上下对称,但是,只要画面中有突出的对称的建筑和物体，就能营造出这种对称感。

4.3.6 对角线构图

对角线构图，也被称为斜线构图，是一种在摄影中广泛应用的构图技巧。它通过在画面中绘制一条连接两个对角的线（即对角线），并将拍摄的主体或重要元素安排在这条线上或其附近，以达到特定的视觉效果和构图目的。

将主体安排在对角线上，如图 4-20 所示，可以增加画面的立体感，使观众感受到更深的空间层次。对角线本身具有延伸性，能够引导观众的视线向画面深处延伸，增强画面的视觉冲击力。

图 4-20　对角线构图

在拍摄山川、河流、树木等自然风光时，可以利用对角线构图将自然元素排列在对角线上，形成富有层次和韵律的画面。

相较于传统的横平竖直构图，对角线构图更具动态感，使画面更加生动有趣。在拍摄前，需要摄影师仔细观察场景中的对角线元素，如线条、形状、阴影等，并思考如何将其纳入构图中。对角线构图并不是一成不变的规则，摄影师应根据实际场景和主题灵活运用。有时可以故意打破对角线构图规则，以创造出独特的视觉效果。

虽然对角线构图强调动态和张力，但也要注意画面的平衡和稳定。避免使画面看起来过于倾斜或不稳定。

4.3.7 重复构图

重复构图是摄影中一种重要的构图技巧，它通过在画面中巧妙地利用相同或类似的元素进行重复排列或呈现，以强化画面的节奏感和视觉效果，使作品更加生动和吸引人。

在拍摄时，可以选择具有代表性和辨识度的元素进行重复构图，如形状、色彩、纹理等，以确保画面的统一性和连贯性，如利用外观差不多的车辆进行重复构图，如图4-21所示。

图4-21 利用外观差不多的车辆进行重复构图

也可以通过排列、布局、大小、间距等方式控制元素的重复呈现，使画面更加有序和有节奏感。不过需要合理选择拍摄视角和焦距，以更好地突出重复构图的效果，使画面更加生动和引人入胜。

在拍摄自然风景时，可以利用树木、花草、云彩等自然元素进行重复构图，增加画面的层次和生动性。

在拍摄建筑时，可以利用建筑物的结构、窗户、屋顶等元素进行重复构图，增强画面的节奏感和视觉效果，如图4-22所示。

图 4-22　利用建筑物的结构进行重复构图

4.3.8　曲线构图

曲线构图是指摄影师抓住拍摄对象的特殊形态特点，在拍摄时采用特殊的拍摄角度和手法，将物体以类似曲线的造型呈现在画面中，如图 4-23 所示。

图 4-23　曲线构图

它通过弯曲的线条来引导观众的视线，增加视觉动感，并营造出优雅、生动的画面效果。

在摄影中，常见的曲线类型包括 S 形曲线、C 形曲线、椭圆曲线、抛物曲线、双曲线等。这些曲线类型各有特色，可以根据拍摄场景和主题进行选择和应用。在航拍构图手法中，C 形曲线和 S 形曲线是运用得比较多的。

C 形构图是一种曲线型构图手法，拍摄对象类似于 C 形，可以体现出被摄对象的柔美感、流畅感、流动感，常用来航拍弯曲的建筑、马路、岛屿，以及沿海风光等大片。图 4-24 中弯曲的道路，就形成了一个弧形 C 字。

图 4-24　C 形构图

S 形构图是 C 形构图的强化版，主要用来表现富有 S 形曲线美的景物，如自然界中的河流、小溪、山路、小径、深夜马路上蜿蜒的路灯或车队等，会给人以一种悠远感或蔓延感。图 4-25 为航拍的道路画面，弯曲的道路呈 S 形曲线，十分夺人眼球。

图 4-25　S 形构图

4.3.9　透视构图

透视构图是一种利用透视原理来创造深度和空间感的构图技巧。

透视是指物体在空间中由于距离的远近而在视觉上产生大小和位置的改变，从而形成近大远小的视觉效果，如图 4-26 所示，河流和建筑都产生了近大远小的透视效果。

图 4-26　透视构图

透视构图根据物体与画面的相对位置关系，可以分为平行透视（一点透视）、成角透视（两点透视）、鸟瞰透视（三点透视）这三种类型。

在拍摄时需要遵循近大远小、近实远虚的规律，还要根据拍摄需求选择合适的镜头和景深设置，比如广角镜头和长焦镜头拍摄的透视感会有区别，广角镜头可以扩大画面的视角，使画面中的元素更加靠近观众；长焦镜头则可以缩小画面的视角，使画面中的元素远离观众。当然，在营造透视感的同时，要注意画面的整体平衡和美观度。

透视构图是摄影中一种重要的构图方式，通过合理利用透视原理可以营造出具有深度感和立体感的画面。掌握透视构图技巧有助于提升摄影作品的艺术性和观赏性。

4.3.10 对比构图

对比构图的含义很简单，就是通过不同形式的对比来强化画面的构图，产生不一样的视觉效果。对比构图的意义有两点：一是通过对比产生区别来强化主体；二是通过对比来衬托主体，起辅助作用。

想在拍摄中获得对比构图的效果，用户就要找到与拍摄主体差异明显的对象来进行构图，这里的差异包含很多方面，例如，大小、远近、方向、动静和明暗等方面。

图 4-27 为使用颜色对比构图方法航拍的画面，蓝调时刻的天空与橙色的城市灯光形成鲜明的对比，使建筑物、天空、江面和道路更加突出。

这种对比不仅强调了城市的繁华和活力，还能呈现出画面的立体感、层次感和轻重感。

图 4-27 颜色对比构图

第 4 章 构图笔记：展现画面的视觉吸引力和美感

图 4-28 为使用明暗对比构图方法航拍的夕阳画面，通过黑色的地景来烘托美丽的夕阳晚霞，展现壮丽的美景风光。

图 4-28　明暗对比构图

掌握构图相关的技巧后，我们可以进一步发挥出航拍摄影在寻景方面的优势，去获取有趣的地貌和神奇的景观。例如，笔者长期探索的各地五彩盐湖、盐田景观，如图 4-29 所示。

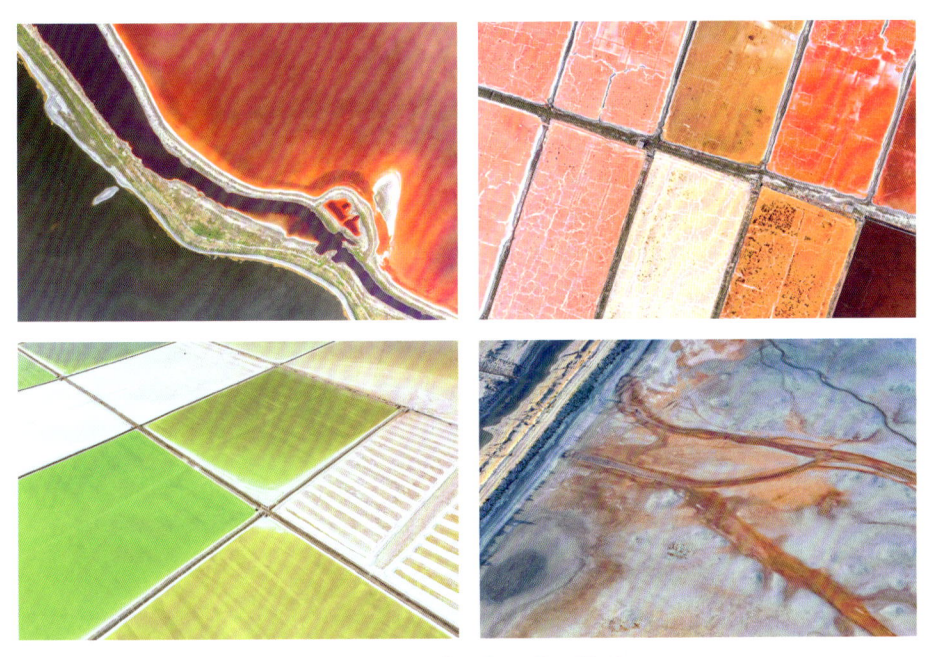

图 4-29　五彩盐湖、盐田景观

大地上很容易让人眼睛一亮的重复排列的景观，如图 4-30 所示，以及网络上热度很高的大地之树景观，如拍摄干枯的鄱阳湖、洞庭湖草海（大地之树），如图 4-31 所示。

图 4-30　重复排列的景观

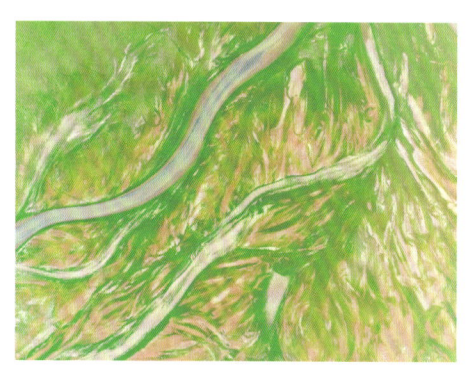

图 4-31　大地之树景观

还有人类劳动生产活动过程中生产的有趣的大地景观，如铜矿尾矿池，如图 4-32 所示。

图 4-32　铜矿尾矿池景观

| 第 5 章 |

起飞降落：
飞手安全飞行的保障

当用户掌握了一系列的无人机基础知识之后，接下来就可以开始学习飞行无人机的一些基本技巧了，如准备飞行器、准备遥控器、连接飞行器与遥控器，以及学习起飞和降落无人机的方法。熟练掌握这些知识，可以为接下来学习空中各种飞行动作奠定基础。本书所有的实战操作均以大疆御 3 Pro 无人机为主，操控方式为"美国手"。

5.1 准备工作：保障安全飞行的第一步

无人机起飞之前的准备工作至关重要，它不仅关乎飞行安全，还直接影响飞行效率和无人机的使用寿命。本节将带领大家学习一些飞行前的准备工作。

5.1.1 准备飞行器

当我们拿到无人机之后，请按以下顺序展开飞行器的机臂，并安装好螺旋桨，检查电池、螺旋桨是否安装到位，具体步骤和流程如下：

步骤 01 将御 3 Pro 飞行器从背包中取出来，平整地摆放在地面上，如图 5-1 所示。

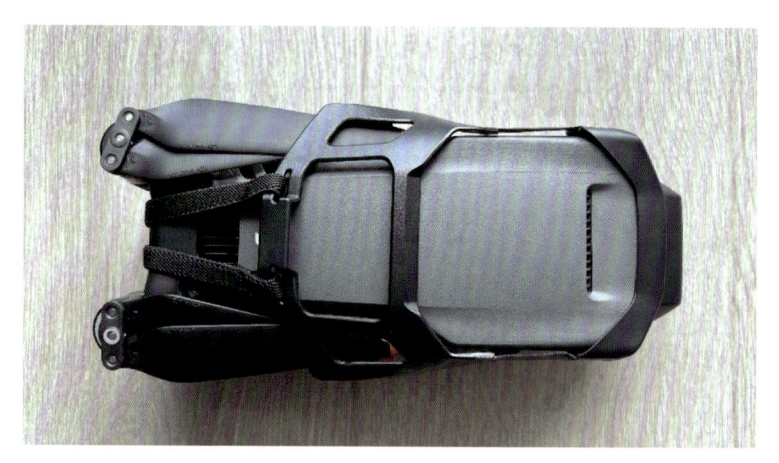

图 5-1 将飞行器平整地摆放在地面上

步骤 02 将飞行器的保护罩取下来，底端有一个卡扣，可以取下来，如图 5-2 所示。

图 5-2 底端有一个卡扣

步骤 03 部分无人机需要自己安装螺旋桨。首先将无人机的两只前机臂展开，如图 5-3

所示,向外往展开机臂的时候,动作一定要轻,太过用力可能会掰断无人机的机臂。

步骤04 通过往下旋转展开的方式,展开无人机的后机臂,如图5-4所示。

图5-3 将无人机的两只前机臂展开　　　　图5-4 展开无人机的后机臂

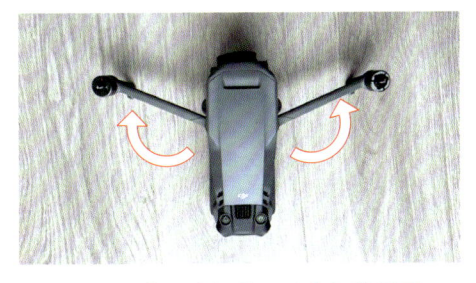

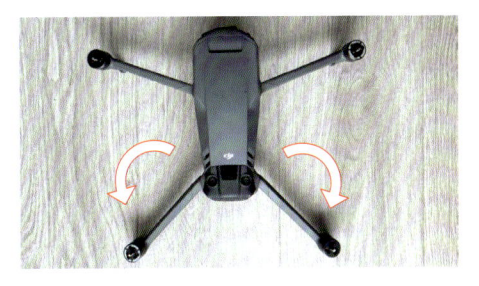

步骤05 接下来安装螺旋桨,将带灰色圆圈标记的桨叶安装在灰色电机桨座上、黑色圆圈标记的桨叶安装在黑色电机桨座上。将带灰色圆圈标记的桨叶的安装卡口对准插槽位置,轻轻按下去,并旋转拧紧螺旋桨,可以轻轻提一下,检查是否安装牢固,如图5-5所示,用与上相同的操作方法,旋转拧紧其他的螺旋桨。

图5-5 安装螺旋桨

步骤06 首先短按电池上的电源开关键,然后再长按3秒,再松手,即可开启无人机的电源,此时指示灯上亮了4格电,表示无人机的电池是充满电的状态,如图5-6所示。

图5-6 开启无人机的电源

5.1.2 准备遥控器

在飞行无人机之前,还需要准备好遥控器,请按以下顺序进行操作,正确安装摇杆并开启遥控器的电源。

步骤 01 将遥控器从背包中取出来,将遥控器背面的两个摇杆取出来,如图5-7所示。

图 5-7 将遥控器背面的两个摇杆取出来

步骤 02 通过顺时针旋转的方式拧紧两个摇杆,接下来开启遥控器,首先短按一次遥控器电源开关,然后长按3秒,松手后,即可开启遥控器的电源,如图5-8所示。

图 5-8 开启遥控器的电源

5.1.3 连接飞行器和遥控器

对于大疆无人机,连接飞行器和遥控器的具体步骤一般来说都可以遵循以下基本步骤。首先是打开飞行器和遥控器的电源,然后就是对频连接,具体操作流程如下:

步骤 01 打开遥控器中的 DJI Fly App，在首页点击"连接引导"按钮，如图 5-9 所示。

图 5-9 点击"连接引导"按钮

步骤 02 进入"选择一款飞机"界面，选择相应的无人机选项，如选择 DJI MAVIC 3 PRO 选项，如图 5-10 所示。

图 5-10 选择 DJI MAVIC 3 PRO 选项

步骤 03 扫描无人机成功之后，即可进入"飞机和遥控器配对"界面，根据界面中的提示进行操作，之后点击"配对"按钮，如图 5-11 所示。

步骤 04 配对成功之后，进入飞行界面，弹出"激活 DJI 设备"对话框，点击"同意"按钮，如图 5-12 所示。

步骤 05 激活成功之后，点击"完成"按钮，如图 5-13 所示，这时就算对频成功了。

> **温馨提示**
>
> 在对频的过程中，尽量保持飞行器和遥控器之间的距离在说明书推荐的范围内，以避免信号干扰。当遥控器和飞行器的指示灯从闪烁变为常亮时，表示对频成功。此时，可以使用遥控器对飞行器进行操控。

图 5-11　点击"配对"按钮

图 5-12　点击"同意"按钮

图 5-13 点击"完成"按钮

步骤 06 一般而言,新机都需要进行固件更新,通过固件更新,可以改善无人机的性能、增加新功能、修复已知的安全漏洞或硬件兼容性问题。当界面中提示需要更新固件时,直接点击"更新"按钮,即可更新固件如图 5-14 所示。

图 5-14 点击"更新"按钮

> **温馨提示**
>
> 在进行固件更新之前,务必仔细阅读无人机制造商提供的更新说明和注意事项。确保无人机电量充足,避免因电量不足导致更新过程中断。如果在更新过程中遇到任何问题或不确定的情况,请及时联系无人机制造商的客服支持或寻求专业人员的帮助。

5.1.4 检查 SD 卡和电量

用户在外出拍摄前,一定要检查无人机中的 SD 卡是否有足够的存储空间,这是非常重要的,以免到了拍摄地点，看到那么多美景，却拍不到，这是很痛苦的一件事情。

如果再跑回家将 SD 卡的容量腾出来，然后再出来拍摄，一是时间过去了，二是路程辛苦，三是拍摄的热情和激情也过去了，结果往往是没心情再拍出理想的片子。

如果忘记安装 SD 卡，那么就会出现视频拍摄到一半没有存储空间的情况，虽然部分无人机机身有一定的机身内存，但还是不够用的。

在起飞无人机之前，用户还需要检查硬件、配件是否完整，机身是否正常，各部件有没有松动的情况，螺旋桨有没有松动或者损坏，插槽是否卡紧了。

尤其是电池的电量，飞行器和遥控器都需要充满电。如果用户有一段时间没有飞行无人机了，在出门之前，务必要检查电池的电量，以免无人机和飞行器只剩一半的电量，这样也飞不尽兴，还容易存在因为电量低而炸机的风险。

许多无人机电池在关闭状态下具有电量指示灯，用户可以通过查看这些指示灯的亮灭情况来判断电量。例如，按一下电池开关，如果电池的四个绿点全亮，代表电池满电，如图 5-15 所示；亮一个到三个点代表电量为 25%、50% 和 75%。按一下遥控器上的电源键，也可以查看相应的电量情况。

图 5-15　电池的四个绿点全亮

5.2　飞行必学：学会起飞和降落无人机

无人机在起飞与降落的过程中很容易发生事故，所以，我们要熟练掌握无人机的起飞与降落操作，主要包括自动起飞降落、手动起飞降落及智能返航降落等内容。

5.2.1　自动起飞与降落

使用自动起飞功能可以帮助用户一键起飞无人机，既方便又快捷。在自动降落无人机的时候，用户需要确保地面是安全的，因为无人机这时是通过直接垂直下降进行降落的，所以，用户应该谨慎使用该功能。本节向大家介绍自动起飞与降落无人机的方法。

第 5 章　起飞降落：飞手安全飞行的保障

> **步骤 01**　将飞行器放在水平地面上，确定无人机上空没有障碍物，依次开启遥控器与飞行器的电源，当左上角状态栏显示"可以起飞"的信息状态后，点击左侧的自动起飞按钮 ⬆，如图 5-16 所示。

图 5-16　点击自动起飞按钮

> **步骤 02**　弹出相应的面板，长按"起飞"按钮，待圆圈全部变绿之后，如图 5-17 所示，松开手指。

图 5-17　长按"起飞"按钮

> **步骤 03**　让无人机上升到 1.2 米高，向上推动左侧的摇杆，可以让无人机继续升高至 5.4 米的高度，如图 5-18 所示。

飞手是怎样炼成的——从大疆无人机 Mini 4、Air 3 到御 3 系列的航拍笔记

图 5-18 让无人机继续升高至 5.4 米的高度

步骤 04 当无人机需要返航降落的时候，在相机飞行界面中，❶ 点击自动降落按钮，弹出相应的面板；❷ 长按"降落"按钮，待圆圈全部变绿之后，如图 5-19 所示，松开手指。

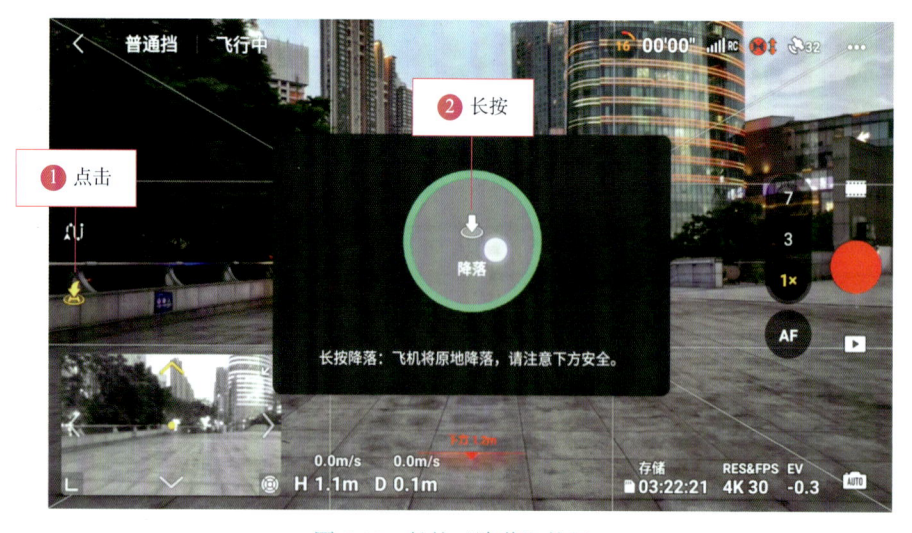

图 5-19 长按"降落"按钮

步骤 05 无人机会自动降落在地面上，并停止转动电机，如图 5-20 所示。

> **温馨提示**
>
> 在起飞无人机之前，用户需要先检查状态栏、GPS 信号和避障行为，也可以等返航点刷新的时候再起飞，这样能更安全。

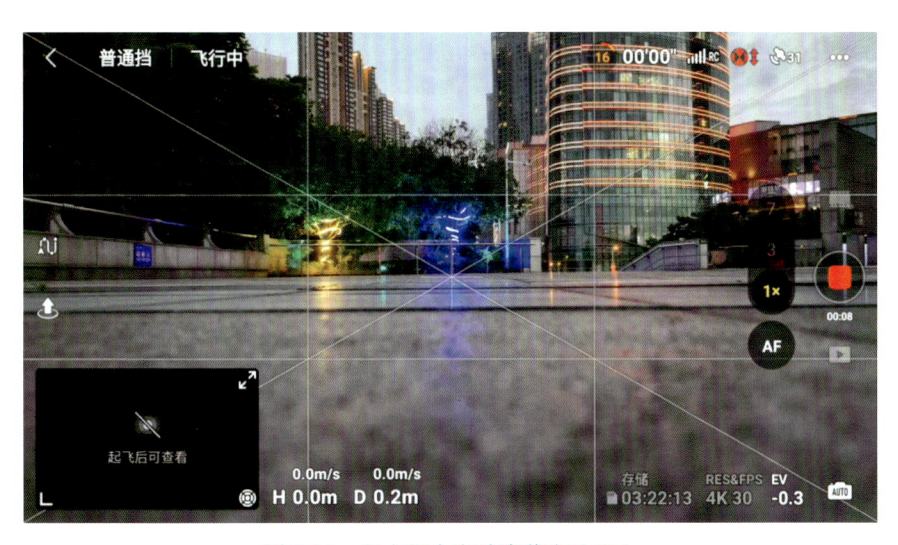

图 5-20 无人机会自动降落在地面上

5.2.2 手动起飞与降落

手动启动电机之后，可以手动起飞无人机。手动起飞无人机之后，也可以手动降落无人机。下面介绍手动起飞与降落的操作方法。

步骤 01 在飞行界面中，将遥控器上的两个摇杆同时往内掰，或者同时往外掰，如图 5-21 所示。

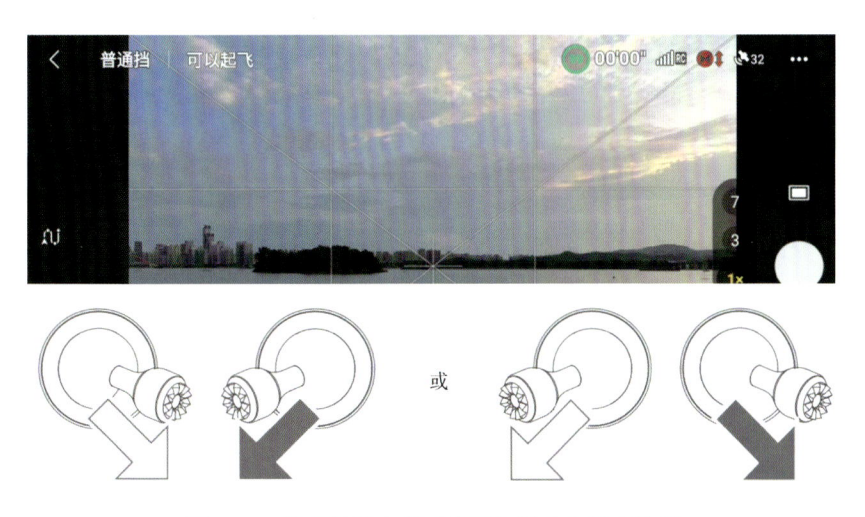

图 5-21 将遥控器上的两个摇杆同时内掰或外掰

步骤 02 弹出相应的面板，点击"检查完毕"按钮，如图 5-22 所示，继续将遥控器上的两个摇杆同时往内掰，启动电机。

步骤 03 将左摇杆缓慢地向上推动，无人机即可上升飞行，如图 5-23 所示。

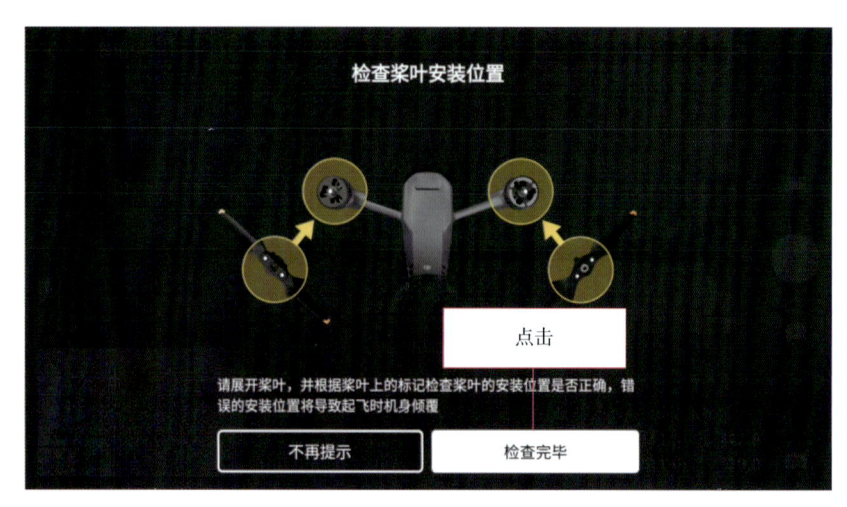

图 5-22 点击"检查完毕"按钮

图 5-23 无人机即可上升飞行

> **温馨提示**
>
> 在手动降落无人机时，一定要确认地面是平整且无障碍物的，保障无人机能安全降落。

步骤 04 当无人机悬停在降落点上空的位置时，左手向下推动左摇杆，让无人机慢慢下降，如图 5-24 所示。

步骤 05 直到无人机安全平稳地降落在地面上，再停止推杆，如图 5-25 所示。

图 5-24 让无人机慢慢下降

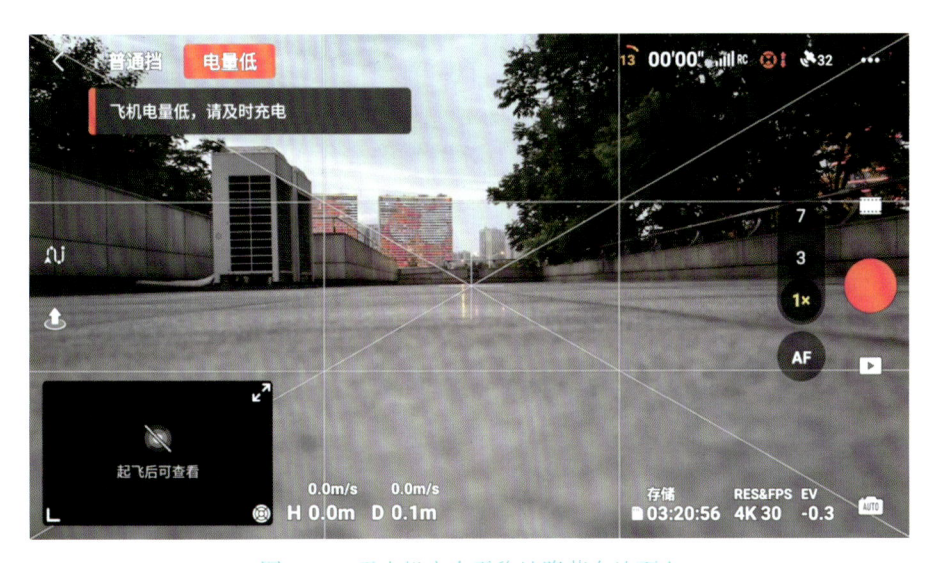

图 5-25 无人机安全平稳地降落在地面上

5.2.3 智能返航降落

当无人机飞得离我们比较远的时候，可以使用智能返航让无人机自动返航降落，这样操作的好处是比较方便，不用重复拨动左右摇杆，而缺点是用户需要先刷新返航点，然后再使用智能返航。同时，要保证返航高度设置得足够高，比附近的最高建筑还要高。下面介绍智能返航降落无人机的操作方法。

步骤01 当无人机需要返航降落的时候，点击智能返航按钮，如图 5-26 所示。

步骤02 弹出相应的面板，长按"返航"按钮，如图 5-27 所示。

图 5-26　点击智能返航按钮

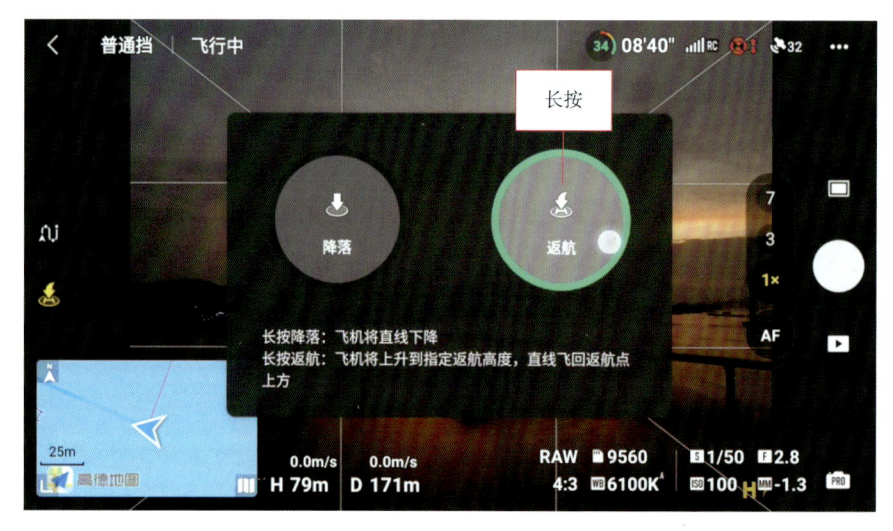

图 5-27　长按"返航"按钮

> **温馨提示**
>
> 　　在使用智能返航之前，务必确认无人机已正确更新并记录了返航点。这通常是在无人机起飞时自动设置的，但如果飞行过程中改变了位置，可能需要手动更新返航点。
> 　　合理设置返航高度是确保无人机安全返航的关键。建议将返航高度设置为高于飞行区域最高障碍物的 20~30 米，以避免在返航过程中与障碍物发生碰撞。
> 　　在使用智能返航功能时，要时刻关注无人机的电量情况。如果电量过低，无人机可能无法完成返航过程，甚至可能在空中坠落。因此，在电量不足时应及时操作无人机返航或采取其他安全措施。

步骤 03 待圆圈全部变绿之后，松开手指，无人机朝着返航点飞行，界面左上角显示相应的提示信息，提示用户无人机正在自动返航，如图 5-28 所示。在返航过程如果又遇到好看的风景时，在电量允许的情况下可以点击左侧的 ❌ 按钮，取消返航，再继续进行创作。

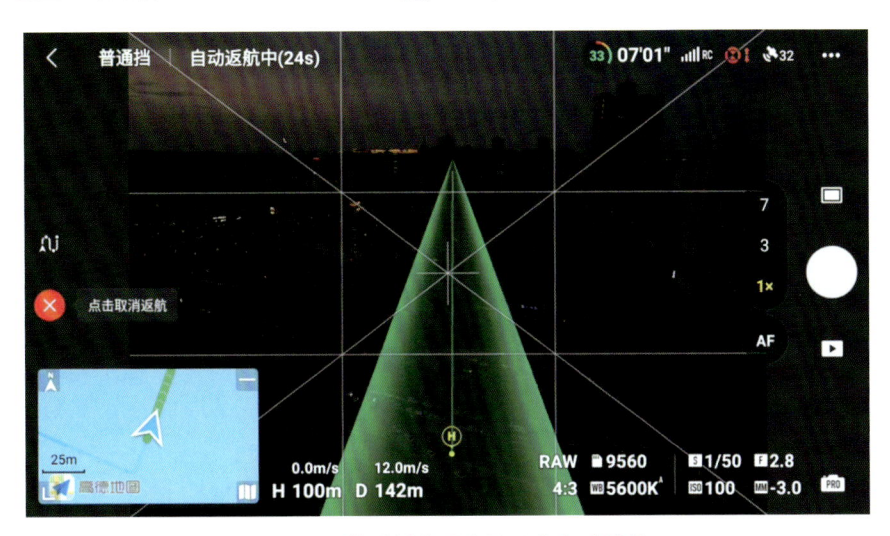

图 5-28 提示用户无人机正在自动返航

步骤 04 稍等片刻，即可完成无人机的智能返航操作，让无人机降落在返航点上，如图 5-29 所示。

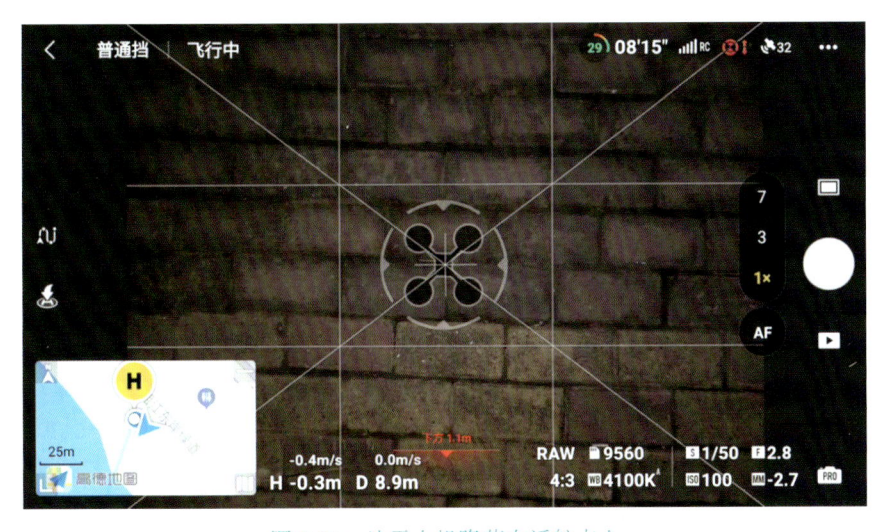

图 5-29 让无人机降落在返航点上

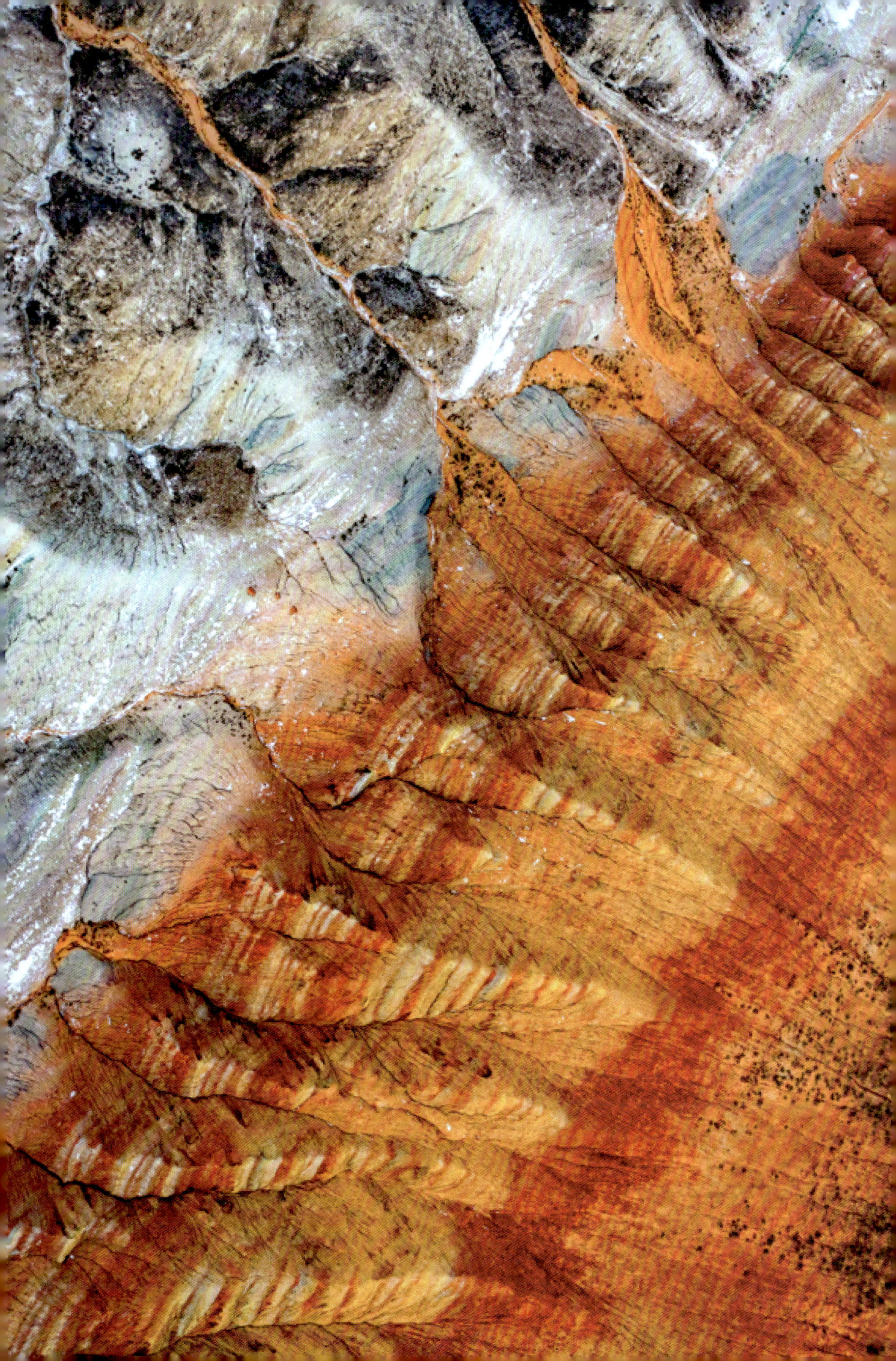

| 第 6 章 |

飞行考证：
飞手必学的飞行动作

当我们将无人机安全起飞后，需要学会一些飞行动作来控制无人机的飞行。本章将介绍一些飞手考证必备实训动作，有上升、下降、直线前进飞行、旋转及 8 字飞行等。希望通过本章的学习，各位飞手可以学会和掌握飞行动作要领，成为一名合格的无人机飞行员。

6.1 入门动作：巩固好飞行基础

在空中进行复杂的航拍工作之前，首先要学会一些入门级飞行动作，因为复杂的飞行动作也是由一个个简单的飞行动作组成的，等用户熟练掌握了这些简单的飞行动作之后，再通过多加练习，熟能生巧，就可以在空中自由地掌控无人机的飞行了。

6.1.1 上升飞行

上升飞行是无人机航拍中基础、初级的飞行动作，无人机飞行的第一件事就是上升飞行。上升飞行是从低空升至高空的一个过程，直接展示了航拍的高度魅力，如图 6-1 所示。

图 6-1 上升飞行

飞行方法如下:
① 用户让无人机飞升至一定的高度,以树木、山峰为前景,拍摄晚霞;
② 向上推动左侧的摇杆,让无人机上升飞行。

6.1.2 下降飞行

下降飞行适合从大景切换到小景,从全景切换到局部细节展示。图 6-2 为使用下降飞行动作航拍的云海短视频,无人机一直下降,从云海上空降落在云海中,画面逐渐变成泛白色。

图 6-2 下降飞行

飞行方法如下:
① 用户让无人机飞升至云海的上方;
② 向下推动左侧的摇杆,让无人机下降飞行。

6.1.3 前进飞行

前进飞行是指无人机向前飞行的运动,这是航拍中比较常用的镜头。第一种航拍手法是无人机无目标地往前飞行,主要用来交代影片的环境,如图 6-3 所示。第二种是对准目标向前飞行,此时目标由小变大,越来越清晰。

图 6-3 前进飞行

飞行方法如下:
① 用户让无人机飞升至城市的上空,进行三分线构图;
② 向上推动右侧的摇杆,让无人机前进飞行。

6.1.4 后退飞行

后退飞行即倒飞,是指无人机向后运动。后退飞行实际上是一种非常危险的飞行动作,因为有些无人机是没有后视避障功能的,或者在夜晚飞行的时候,后视避障功能是失效的,这个时候进行后退飞行往往十分危险,因为你不清楚无人机身后是什么情况。

后退飞行镜头最大的优势是:在后退的过程中不断有新的前景出现,从无到有,所以,会给观众一种期待感,增强了镜头的趣味性。

图 6-4 为使用后退飞行动作拍摄的岛屿画面,适合用在视频结束的位置。

图 6-4 后退飞行

飞行方法如下:
① 用户让无人机飞升至岛屿的上空,先靠近岛屿;
② 向下推动右侧的摇杆,让无人机后退飞行,远离岛屿。

6.1.5 向左飞行

向左飞行是一种左移镜头,是指无人机从右侧飞向左侧,从右向左展示画面。图 6-5 为使用长焦近景的方式从右向左飞行,展现了美丽的云海风车画面。

图 6-5 向左飞行

飞行方法如下:
① 用户让无人机飞升至一定的高度,打开 3 倍中长焦镜头;
② 向左推动右侧的摇杆,让无人机向左飞行。

6.1.6 向右飞行

向右飞行是一种右移镜头,与向左飞行的方向刚好相反。在航拍风景的时候,如果桥的形态很美，可以采用向右侧飞镜头的手法进行拍摄，以远景的方式展现出来，如同一幅画卷，展现环境的宏伟和大气，如图 6-6 所示。

图 6-6　向右飞行

飞行方法如下：
① 用户让无人机飞升至一定的高度，首先飞行到桥的左侧；
② 向右推动右侧的摇杆，让无人机向右飞行，飞行到桥的右侧。

> **温馨提示**
>
> 在拍摄具有横向变化的主体时，左右飞行动作是最适合的。

6.1.7 向左旋转飞行

旋转飞行，通常指的是无人机围绕其垂直轴（即偏航轴）进行旋转的动作，这种动作在无人机领域通常被称为"偏航"。图 6-7 为一段向左旋转镜头，当汽车在向左侧行驶的时候，无人机向左侧旋转机身，固定机位跟拍运动中的汽车。

图 6-7 向左旋转飞行

飞行方法如下：
① 用户让无人机飞升至汽车的斜侧面；
② 当汽车向左侧行驶的时候，用户向左上方推动左侧的摇杆，让无人机向左侧旋转的时候微微上升一些高度。

6.1.8 向右旋转飞行

向右旋转飞行动作与向左旋转飞行动作的方向相反。在拍摄旋转镜头的时候,可以用来展示周围的环绕,也可以借着镜头的旋转运动来转移焦点,突出主体。

图 6-8 为使用向右旋转飞行动作拍摄的风光画面,展现出山河的朦胧之美。

图 6-8 向右旋转飞行

飞行方法如下:
① 用户让无人机飞升至一定的高度,拍摄云雾风光;
② 向右推动左侧的摇杆,让无人机向右旋转飞行。

6.2 进阶动作：逐渐提升技术能力

在 6.1 中，我们进行了 8 组入门飞行动作的训练，当掌握了这些基本的飞行技巧后，接下来需要提升自己的航拍技术，学习一些更进阶的飞行动作，如环绕飞行、8 字飞行等，从而拍出更具吸引力的视频画面。

6.2.1 顺时针环绕飞行

环绕飞行也叫"刷锅"，是指围绕某一个物体进行环绕飞行。环绕有顺时针环绕和逆时针环绕，在环绕飞行之前，最好先找到环绕中心，如高耸的树木、建筑等，如图 6-9 所示，无人机以大石头上的建筑为环绕中心，进行顺时针环绕飞行。

图 6-9　顺时针环绕飞行

飞行方法如下：
① 用户让无人机飞升至一定的高度，最好比周围的障碍物都高；
② 向左推动右侧的摇杆，让无人机向左飞行；
③ 同时，向右推动左侧的摇杆，让无人机进行顺时针环绕飞行。

6.2.2 逆时针环绕飞行

逆时针环绕飞行是一种常见的拍摄技巧，通过这种方式，可以拍摄到目标物体的全貌、细节及周围环境的变化，为后期制作提供丰富的素材。比如用逆时针环绕飞行的方式拍摄盐田，展现其色彩的美丽，如图 6-10 所示。

图 6-10 逆时针环绕飞行

飞行方法如下：
① 用户让无人机飞升至一定的高度，俯拍盐田；

② 向右推动右侧的摇杆，让无人机向右飞行；
③ 向左推动左侧的摇杆，让无人机进行逆时针环绕飞行。

> **温馨提示**
>
> 在进行环绕飞行的时候，右侧摇杆控制无人机的左右飞行，右手杆量越大，无人机飞行速度越大，环绕的速度就越快；左侧摇杆控制无人机的转向幅度，左手杆量越大，无人机就转弯得越急，环绕的圆的半径就越小。

6.2.3 方形飞行

方形飞行是指将无人机按照设定的方形路线进行飞行。在方形飞行的过程中，相机的朝向不变，无人机的旋转角度不变，只需要通过右摇杆的上、下、左、右推杆，调整无人机的飞行方向即可，如图 6-11 所示。

图 6-11 方形飞行

飞行方法如下：

① 向左拨动云台俯仰拨轮，调整俯仰角度至90°，俯拍地面，向上推动右摇杆，让无人机向前飞行一段距离；

② 向右推动右摇杆，让无人机向右飞行一段距离；

③ 向下推动右摇杆，让无人机向后飞行一段距离；

④ 向左推动右摇杆，让无人机向左飞行一段距离，回到起点。

6.2.4 8字飞行

8字飞行是比较有难度的一种飞行动作，当用户对前面几组飞行动作都已经很熟练了，接下来就可以开始练习8字飞行了，8字飞行也是无人机飞行考证的必考内容。8字飞行会同时用到左右摇杆，需要左手和右手完美配合，如图6-12所示。

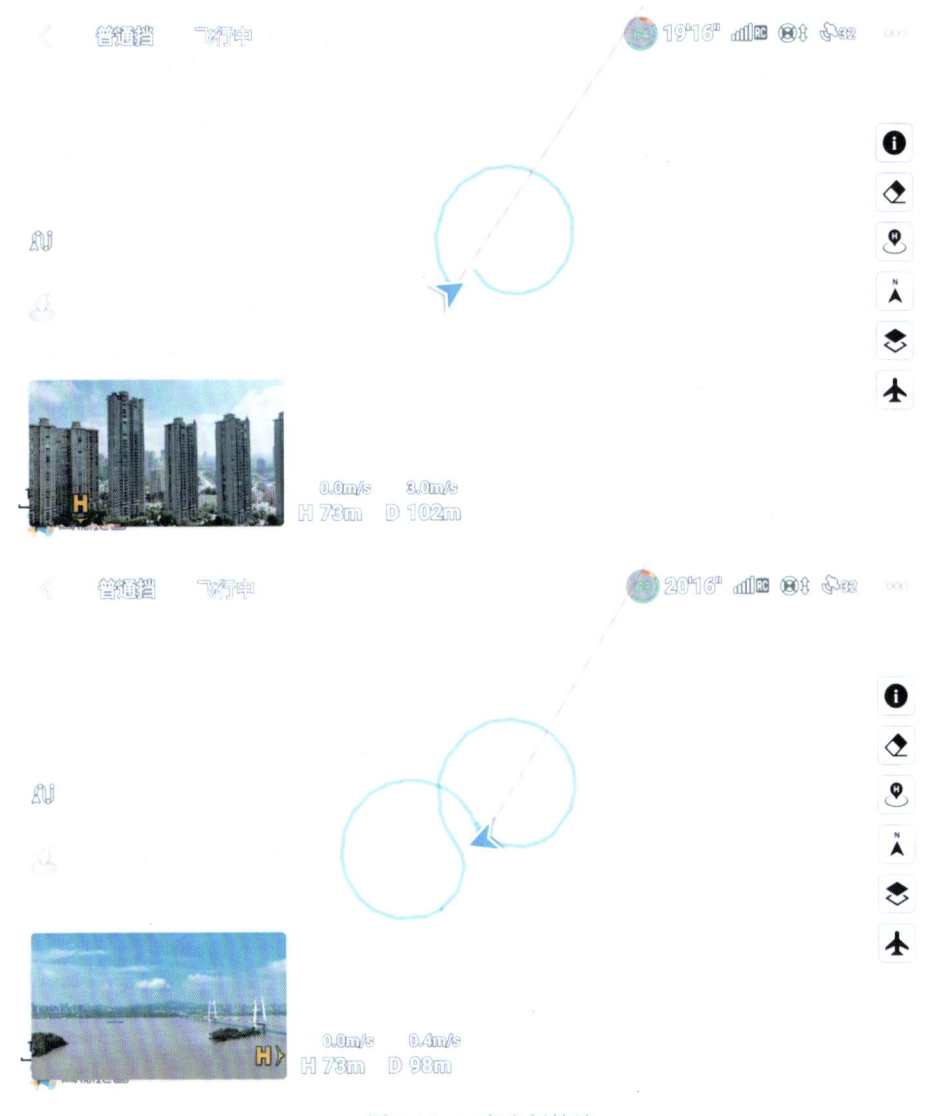

图 6-12 8字飞行轨迹

飞行方法如下：

① 根据环绕飞行的飞行动作，将右摇杆向右推动，同时左手向左推动左摇杆，让无人机逆时针飞一圈；

② 逆时针飞行完成后，向左推动左摇杆，原地旋转 180°，转换机头方向；

③ 通过向右推动左摇杆，向左推动右摇杆，以顺时针的方向，再飞一个圈，这样就能飞出 8 字的轨迹来。如果操作不够熟悉，轨迹不够清晰，可以多飞行几遍。

| 第 7 章 |

运镜笔记：
让视频更动感，增强趣味性

为了拍摄出更好的视频画面效果，我们可以在航拍中加入一些运镜拍法。在航拍运镜的过程中，还需要注意打杆的流畅程度，因为打杆停顿或者速度不均匀，会导致画面出现卡顿的情况，影响视频的观感。为了帮助大家提升航拍运镜水平，本章将为大家介绍一些运镜拍法。

7.1 俯仰运镜：打破常规的平视视角

俯仰运镜，作为摄像中的一种拍摄手法，主要通过调整相机云台的角度（即镜头的垂直方向上的变化），呈现不同的视觉效果和表达特定的情感或信息。本节为大家介绍一些俯仰运镜的拍法。

7.1.1 下摇俯拍运镜

下摇俯拍运镜是指无人机相机从较高的角度开始，沿着垂直轴向下摇动，逐渐俯拍，展示更多的下方场景，如图 7-1 所示。

图 7-1 下摇俯拍运镜

飞行方法如下：
① 用户让无人机飞升至一定的高度，向右拨动云台俯仰拨轮，微微仰拍天空；
② 向左拨动云台俯仰拨轮，让无人机相机向下摇，慢慢俯拍地面。

7.1.2 上抬仰拍运镜

上抬仰拍运镜是指无人机相机镜头从较低的角度开始，沿着垂直轴向上摇动，逐渐展示更多的上方场景，如图 7-2 所示，随着相机云台的上抬，画面内容逐渐发生变化，由路面变成大桥。

图 7-2 上抬仰拍运镜

飞行方法如下：
① 用户让无人机飞升至一定的高度，向左拨动云台俯仰拨轮，俯拍地面道路；
② 向右拨动云台俯仰拨轮，让无人机相机向上抬，慢慢仰拍大桥。

7.1.3　前进上抬运镜

前进上抬运镜是一种将无人机的向前飞行与俯仰飞行相结合的运镜手法。这种运镜方式可以在拍摄时创造出动态的视角变化，增强画面的层次感和动感，如图 7-3 所示，随着无人机前飞，快速掠过地面，在上抬镜头的时候，天空中的美丽晚霞成为视觉焦点。

图 7-3　前进上抬运镜

飞行方法如下：
① 用户让无人机飞升至一定的高度，向左拨动云台俯仰拨轮，微微俯拍城市；
② 向上推动右侧的摇杆，让无人机前进飞行；
③ 同时，向右拨动云台俯仰拨轮，让无人机相机向上抬，仰拍天空。

7.1.4 后退上抬运镜

后退上抬运镜，顾名思义，是指在拍摄过程中，无人机先向后退，同时逐渐将镜头上抬，以改变拍摄角度和画面构图。这种运镜手法能够引导观众的视线从地面逐渐过渡到天空，并随着镜头的上抬展现出更广阔的视野或更高的视角，如图7-4所示。

图7-4 后退上抬运镜

飞行方法如下：
① 用户让无人机飞升至一定的高度，向左拨动云台俯仰拨轮，微微俯拍地面；
② 向下推动右侧的摇杆，让无人机后退飞行；
③ 同时，向右拨动云台俯仰拨轮，让无人机相机向上抬，仰拍天空。

7.1.5 俯视前飞运镜

俯视前飞运镜是指在拍摄过程中,无人机以俯视的角度拍摄下方的场景,并同时向前飞行。这种运镜方式能够展现出广阔的视野和宏大的场景,同时给观众带来一种俯瞰全局的视觉体验,如图 7-5 所示。

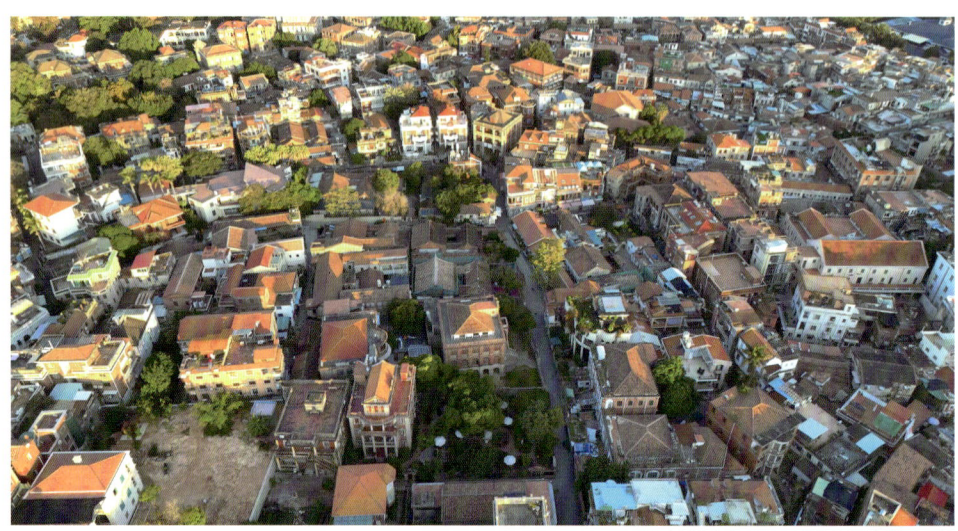

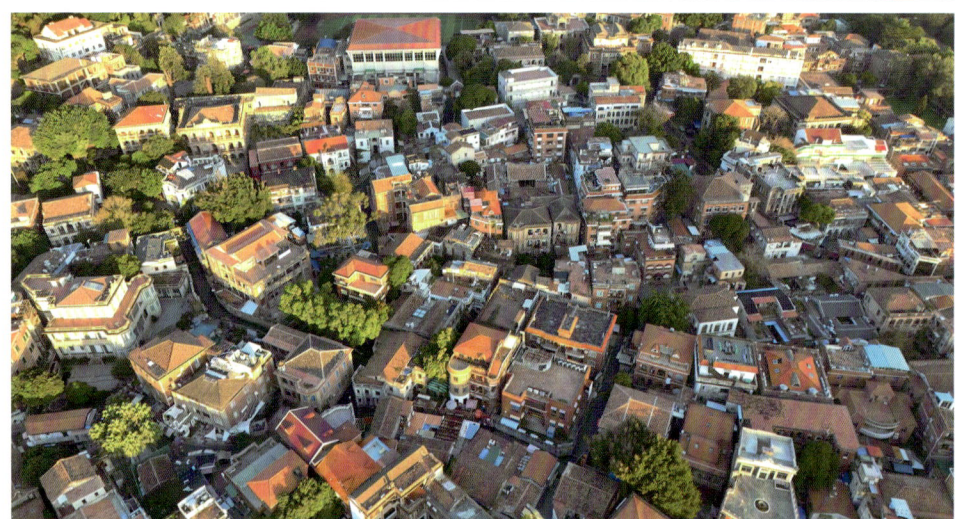

图 7-5　俯视前飞运镜

飞行方法如下:
① 用户让无人机飞升至一定的高度,向左拨动云台俯仰拨轮,俯拍城市;
② 向上推动右侧的摇杆,让无人机前进飞行,进行俯视前飞。

7.1.6 俯视侧飞运镜

当俯视运镜与侧飞运镜相结合时就形成了俯视侧飞运镜。这种运镜方式既能够展现大场景的广阔视野,又能够通过侧飞的方式增加画面的动态感和探索感。它能够通过不同的角度和高度变化，展现出被摄主体的不同面貌和特色，使画面更加丰富多彩，如图 7-6 所示。

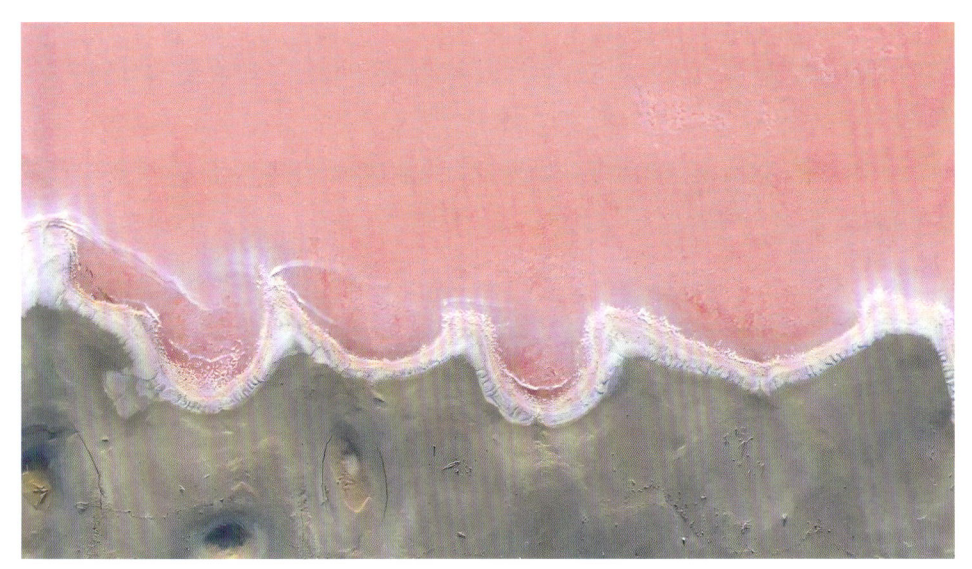

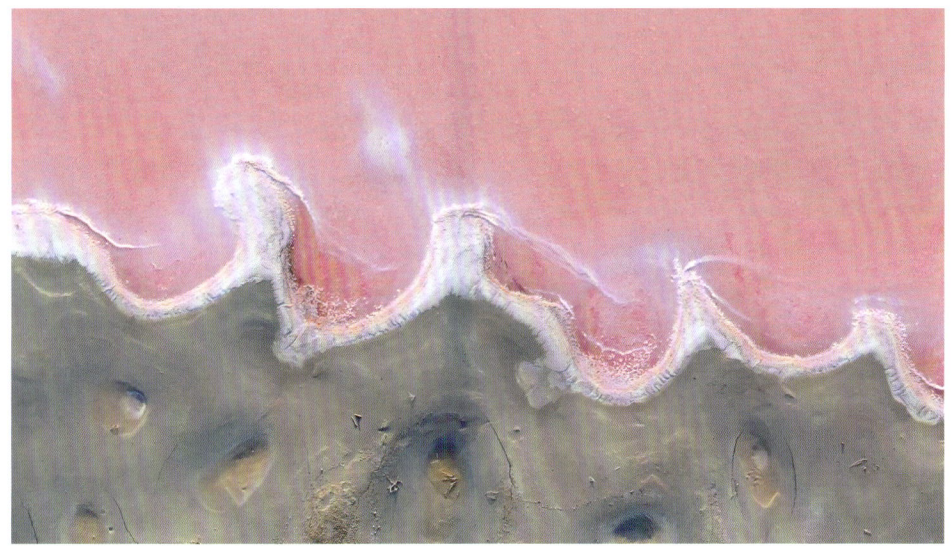

图 7-6 俯视侧飞运镜

飞行方法如下：
① 用户让无人机飞升至一定的高度，向左拨动云台俯仰拨轮，垂直 90° 朝向地面，俯拍盐湖；
② 向左推动右侧的摇杆，让无人机向左飞行，进行俯视侧飞。

温馨提示

大疆无人机最大的俯视角度为 90°，由于无人机型号的不同，最大仰视角度也不同，目前最大的仰视角度为大疆 Air 3 无人机的 60°。

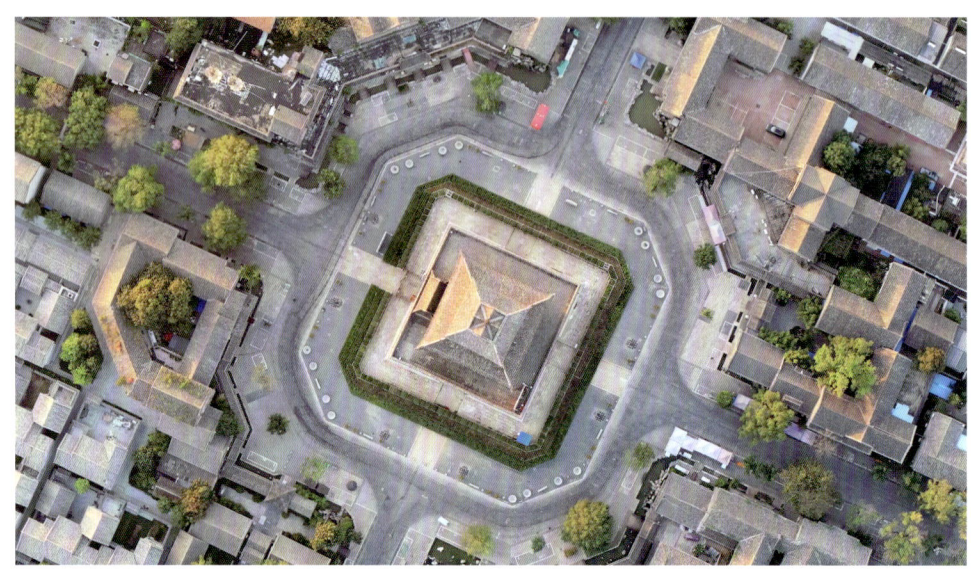

7.1.7 俯视旋转运镜

俯视旋转运镜是一种结合俯视和旋转两种拍摄手法的运镜方式。俯视旋转运镜能够同时展现大场景的全貌和细节，使观众在视觉上得到极大的满足。例如，在拍摄城市风光时，可以通过俯视旋转运镜展现城市的繁华景象和建筑特色，如图7-7所示。

图 7-7 俯视旋转运镜

飞行方法如下：

① 用户让无人机飞升至一定的高度，向左拨动云台俯仰拨轮，垂直90°朝向地面，俯拍城市建筑；

② 向左推动左侧的摇杆，让无人机向左旋转，进行俯视旋转。

7.1.8 俯视环绕运镜

俯视环绕运镜是一种结合俯视和环绕两种拍摄手法的运镜方式。在拍摄俯视环绕运镜时，需要选择一个合适的拍摄点，以确保能够拍摄到想要展现的场景和角度，比如拍摄具有线条感的主体，环绕拍摄运镜能够展现不一样的线条感，如图 7-8 所示。

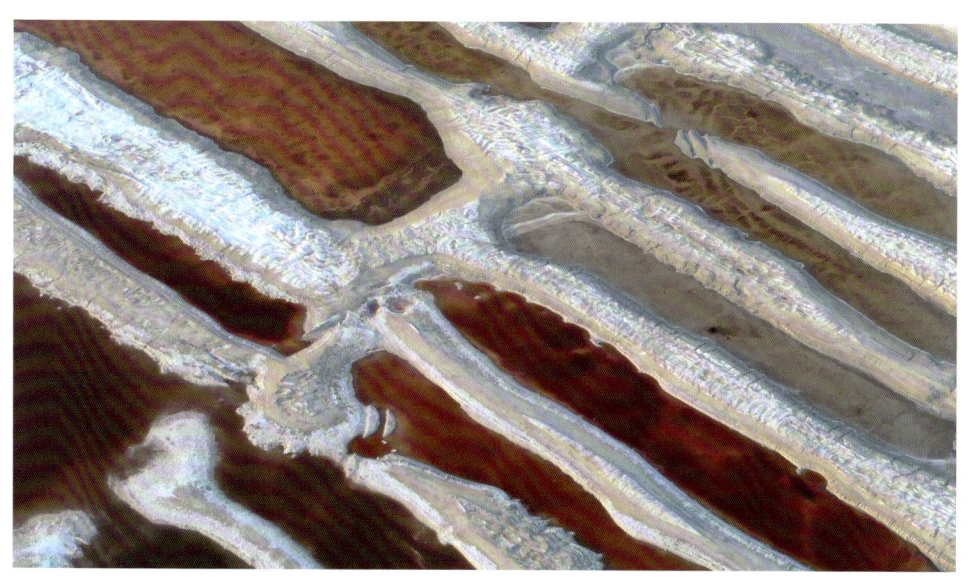

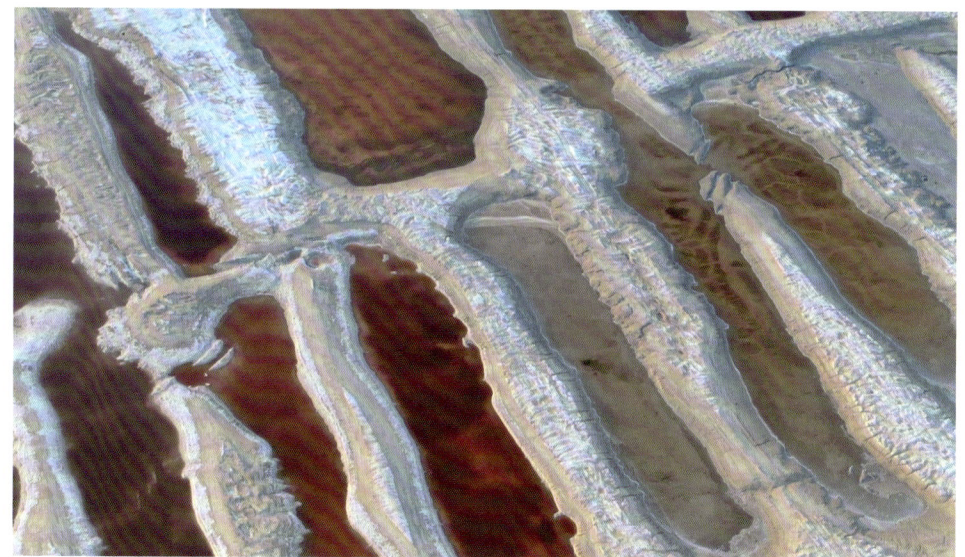

图 7-8 俯视环绕运镜

飞行方法如下：
① 用户让无人机飞升至一定的高度，向左拨动云台俯仰拨轮，俯拍盐湖；
② 向右推动右侧的摇杆，让无人机向右飞行；
③ 同时，向左推动左侧的摇杆，让无人机进行俯视环绕飞行运镜。

7.2 组合运镜：增加画面的动态感

当我们学会了一些飞行动作之后，接下来就可以组合运镜，为视频增添色彩。本节将为大家介绍 5 个组合运镜，帮助大家轻松拍出高级感视频，让视频更动感。

7.2.1 左飞前进运镜

左飞前进运镜指的是无人机在向左飞行的同时进行前飞，如图 7-9 所示，在拍摄如海岸线、河流、公路等主体时，可以展现其延伸感和动态美。

图 7-9 左飞前进运镜

飞行方法如下：
① 用户让无人机飞升至一定的高度，平拍夕阳晚霞；
② 向左上方推动右侧的摇杆，让无人机一面左飞一面前进飞行。

7.2.2 右飞前进运镜

右飞前进运镜是指无人机在向前飞行的同时向右偏移，适合于展示广阔的场景或跟随移动的对象，如拍摄广阔的盐湖，增强画面的动态感，如图 7-10 所示。

图 7-10 右飞前进运镜

飞行方法如下：
① 用户让无人机飞升至一定的高度，进行斜线构图拍摄盐湖；
② 向右上方推动右侧的摇杆，让无人机一面右飞一面前进飞行。

7.2.3 上升右飞运镜

上升右飞运镜是一种在无人机航拍中常用的拍摄技巧，它结合了无人机的上升飞行与向右飞行，通常用于展现广阔的场景或突出拍摄对象的高大感，如山川、湖泊、城市天际线等，通过上升飞行可以展现其壮丽和宏伟，同时结合右飞捕捉景物，如图 7-11 所示。

图 7-11　上升右飞运镜

飞行方法如下：
① 用户让无人机飞升至一定的高度，以小山为前景拍摄田园风光；
② 向上推动左侧的摇杆，让无人机上升飞行；
③ 同时，向右推动右侧的摇杆，让无人机向右飞行，进行上升右飞。

7.2.4 环绕上升运镜

无人机在进行弧形运动时，逐渐升高，一边环绕一边上升，展示垂直面上的变化，这样可以增加画面的高度感和空间感，如图 7-12 所示。

图 7-12 环绕上升运镜

飞行方法如下：
① 用户让无人机飞升至一定的高度，开启 3 倍中长焦相机，平拍城市公园风光；
② 向右推动右侧的摇杆，让无人机向右飞行；
③ 同时，向左上方推动左侧的摇杆，让无人机进行环绕上升飞行。

7.2.5　环绕靠近前飞运镜

环绕靠近前飞运镜是一种结合环绕、靠近和前飞三种元素的复杂运镜方式。首先，明确拍摄的主体或中心对象，确保环绕运动能够围绕其进行；在环绕的同时，逐渐缩小与被摄体之间的距离，之后前飞越过主体对象，拍摄风光，如图 7-13 所示。

图 7-13　环绕靠近前飞运镜

飞行方法如下：
① 用户让无人机飞升至一定的高度，以石头上的建筑为环绕中心；
② 向右上方推动右侧的摇杆，让无人机向右飞行的同时靠近主体；
③ 同时，向左推动左侧的摇杆，让无人机进行环绕靠近飞行；
④ 等靠近主体的时候，只向右上方推动右侧的摇杆，让无人机前进右飞。

| 第 8 章 |

一键短片：
无人机自动拍摄并生成短视频

无人机的一键短片模式是一种智能飞行功能，尤其在大疆的御系列、Mini 系列、Air 系列等无人机中被广泛应用。此功能允许用户通过简单的操作，让无人机自动按照预设的飞行轨迹和拍摄模式进行飞行和拍摄，最终生成一段短视频，非常适合初学者和追求便捷拍摄体验的用户使用。本章将为大家介绍六种一键短片模式。

8.1 渐远模式

一键短片中的渐远模式是指无人机以目标为中心逐渐后退并上升飞行。在使用渐远模式拍摄视频的时候，需要先选择拍摄目标，无人机才能进行相应的飞行操作。使用渐远模式拍摄的视频效果如图 8-1 所示。

图 8-1 使用渐远模式拍摄的视频效果

下面介绍具体的操作方法：

步骤 01 在 DJI Fly App 的相机界面中点击拍摄模式按钮 ，如图 8-2 所示。

图 8-2 点击拍摄模式按钮

步骤 02 在弹出的面板中，❶ 选择"一键短片"选项；❷ 选择"渐远"拍摄模式，如图 8-3 所示。

步骤 03 ❶ 在屏幕中框选高塔为目标，目标被选中之后，会在绿色的方框内显示；❷ 点击下拉按钮 ，如图 8-4 所示。

步骤 04 ❶ 设置飞行"距离"参数为 40m；❷ 点击 Start（开始）按钮，如图 8-5 所示，执行操作后，无人机进行后退和拉高飞行。

第 8 章　一键短片：无人机自动拍摄并生成短视频

> **温馨提示**
>
> 在拍摄渐远模式的时候，可以先靠近主体并俯拍，拍摄效果会更好。

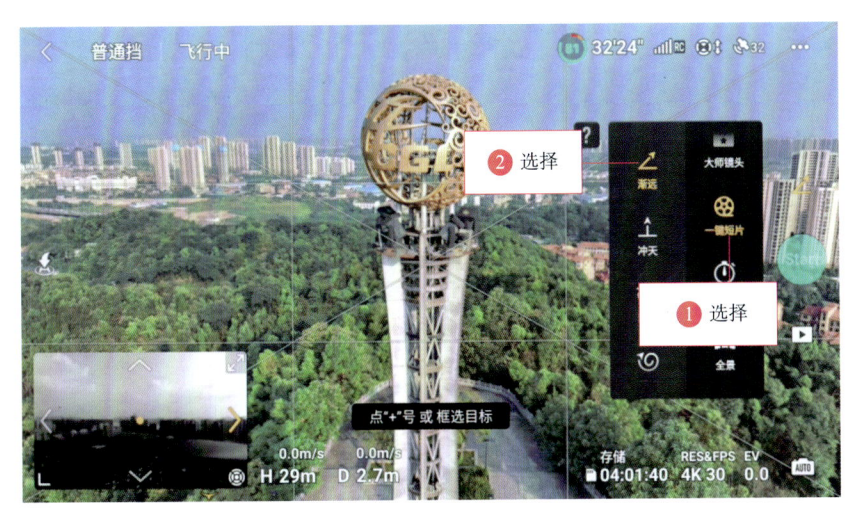

图 8-3　选择"渐远"拍摄模式

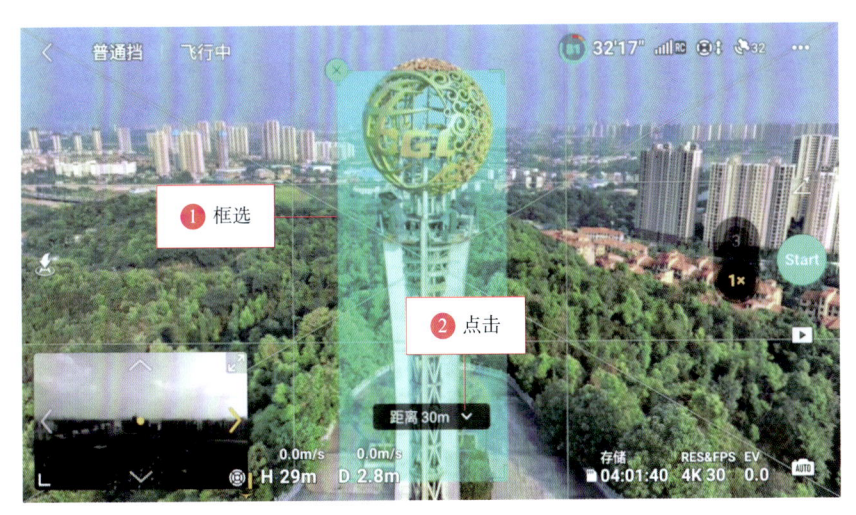

图 8-4　点击下拉按钮

107

图 8-5　点击 Start（开始）按钮

步骤 05 拍摄任务完成后，无人机将自动返回到任务起点，如图 8-6 所示。

图 8-6　无人机将自动返回到任务起点

> **温馨提示**
>
> 　　如果用户在飞完一键短片之后，不想无人机自动飞回到任务起点，可以操作摇杆或者按一下遥控器上的暂停按键，这时就能中断飞行。

8.2 冲天模式

使用冲天模式拍摄视频时，在框选目标对象后，无人机的云台相机将俯视目标对象，然后上升飞行，离目标对象越来越远，使用冲天模式拍摄的视频效果如图 8-7 所示。

图 8-7　使用冲天模式拍摄的视频效果

下面介绍具体的操作方法：

步骤 01 在 DJI Fly App 的相机界面中，点击拍摄模式按钮 ◎，如图 8-8 所示。

步骤 02 在弹出的面板中，❶ 选择"一键短片"选项；❷ 选择"冲天"拍摄模式，如图 8-9 所示。

步骤 03 ❶ 在屏幕中框选高塔为目标，点击下拉按钮 ⌄；❷ 设置飞行"高度"参数为 50m；❸ 点击 Start（开始）按钮，如图 8-10 所示，执行操作后，无人机即可进行拉高飞行。

步骤 04 拍摄任务完成后，无人机将自动返回到任务起点，如图 8-11 所示。

图 8-8　点击拍摄模式按钮

图 8-9　选择"冲天"拍摄模式

图 8-10　点击 Start（开始）按钮

图 8-11　无人机将自动返回到任务起点

第 8 章 一键短片：无人机自动拍摄并生成短视频

> **温馨提示**
>
> 在使用冲天一键短片模式拍摄视频时，需要无人机处于主体的前面，这样拍摄的视频效果才能成功。

8.3 环绕模式

环绕模式运镜是指无人机围绕目标对象，并固定半径，环绕一周飞行。使用环绕模式拍摄的视频效果如图 8-12 所示。

图 8-12　使用环绕模式拍摄的视频效果

下面介绍具体的操作方法：

步骤 01 在 DJI Fly App 的相机界面中，点击拍摄模式按钮 ▭，如图 8-13 所示。

步骤 02 在弹出的面板中，❶选择"一键短片"选项；❷选择"环绕"拍摄模式，如图 8-14 所示。

步骤 03 ❶在屏幕中框选高塔上的球为目标，默认选择向右逆时针环绕方向；❷点击 Start（开始）按钮，如图 8-15 所示，无人机环绕球体飞行一周后，回到起点。

图 8-13　点击拍摄模式按钮

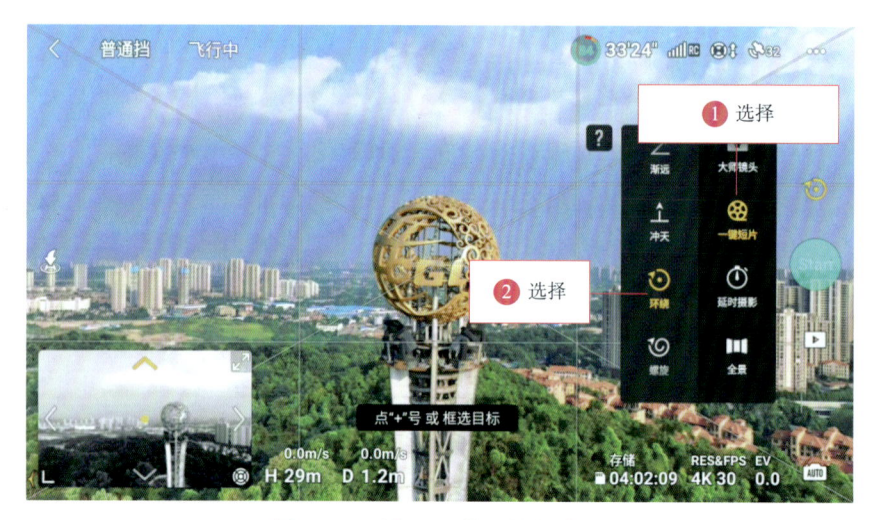

图8-14　选择"环绕"拍摄模式

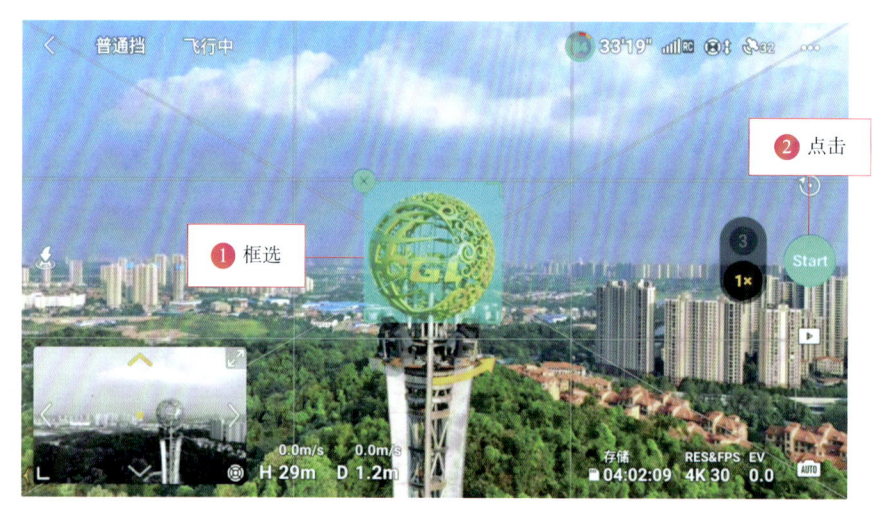

图8-15　点击Start（开始）按钮

温馨提示

在使用环绕一键短片模式时，最好把主体放置到画面中心，也就是使用中心构图，让画面更美观。

8.4 螺旋模式

螺旋模式运镜是指无人机围绕目标对象飞行一圈，并逐渐拉升一段距离。使用螺旋模式拍摄的视频效果如图 8-16 所示。

图 8-16　使用螺旋模式拍摄的视频效果

下面介绍具体的操作方法：

步骤 01 在 DJI Fly App 的相机界面中，点击拍摄模式按钮 ，如图 8-17 所示。

图 8-17　点击拍摄模式按钮

步骤 02 在弹出的面板中，❶ 选择"一键短片"选项；❷ 选择"螺旋"拍摄模式，如图 8-18 所示。

步骤 03 ❶ 在屏幕中框选高塔为目标，默认选择向左顺时针环绕方向；❷ 点击 Start（开始）按钮，如图 8-19 所示，无人机即可围绕目标对象顺时针飞行一圈，并逐渐拉升一段距离，拍摄任务完成之后，再返回到起点。

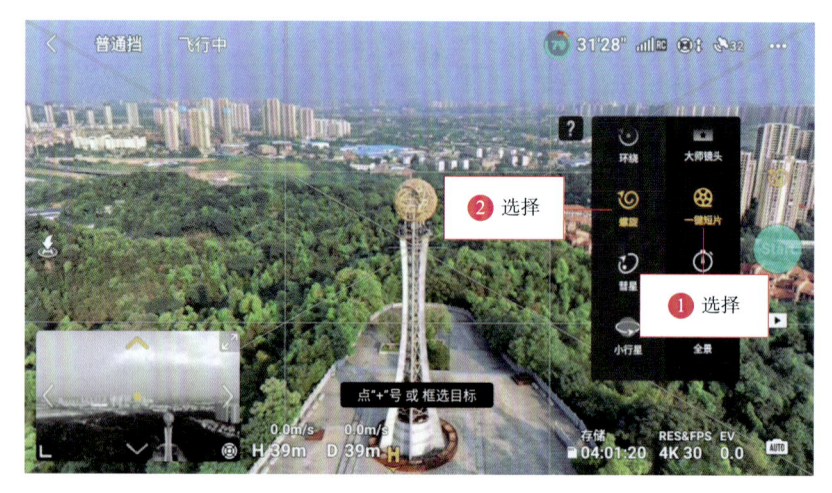

图 8-18 选择"螺旋"拍摄模式

图 8-19 点击 Start（开始）按钮

8.5 彗星模式

在使用彗星模式拍摄运镜视频时，无人机将围绕目标飞行，并逐渐上升到最远端，再逐渐下降返回到起点。使用彗星模式拍摄的视频效果如图 8-20 所示。

图 8-20 使用彗星模式拍摄的视频效果

下面介绍具体的操作方法：

步骤01 在 DJI Fly App 的相机界面中，点击拍摄模式按钮 ，在弹出的面板中，❶ 选择"一键短片"选项；❷ 选择"彗星"拍摄模式，如图 8-21 所示。

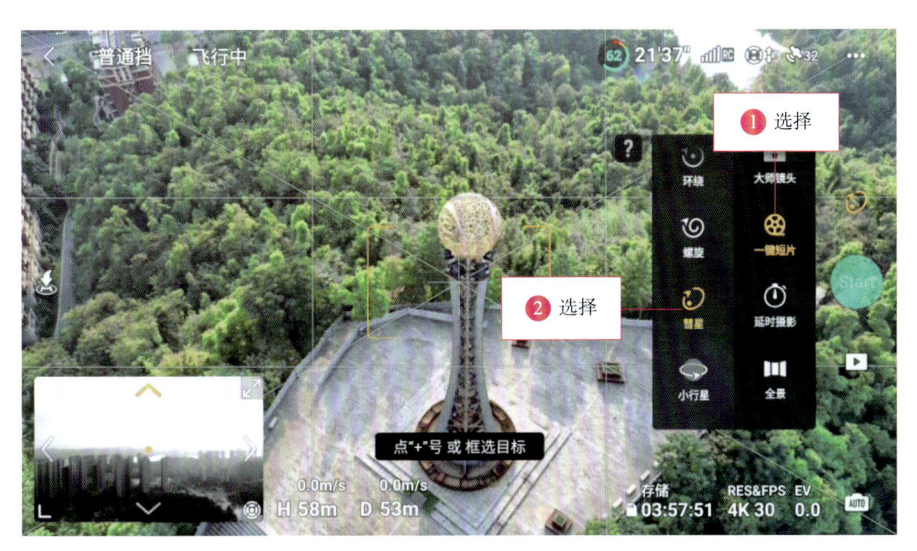

图 8-21　选择"彗星"拍摄模式

步骤02 ❶ 在屏幕中框选高塔为目标，默认选择向右逆时针环绕方向；❷ 点击 Start（开始）按钮，如图 8-22 所示，无人机围绕目标进行环绕上升飞行，最后飞回到起点。

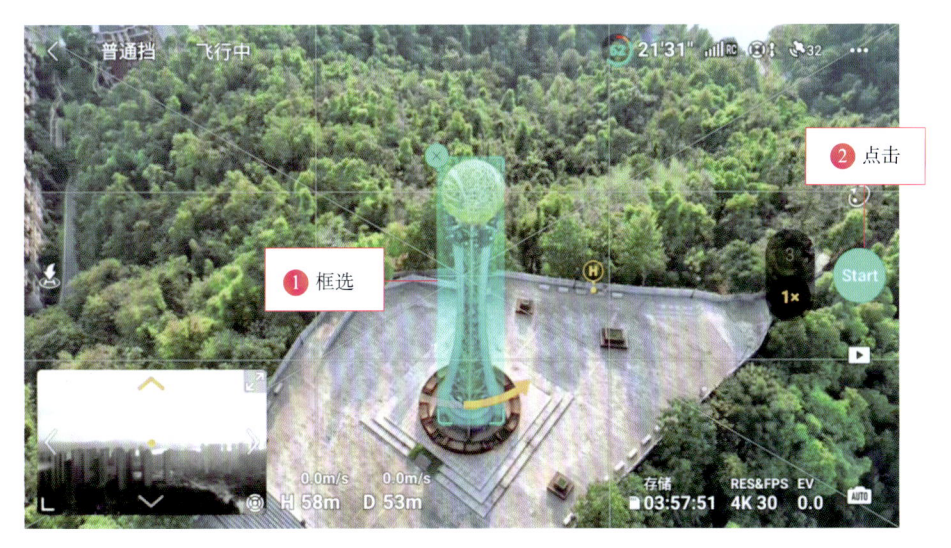

图 8-22　点击 Start（开始）按钮

8.6 小行星模式

使用小行星模式拍摄运镜，可以完成一个从局部到全景的漫游小视频，效果非常吸人的眼球。使用小行星模式拍摄的视频效果如图 8-23 所示。

图 8-23　使用小行星模式拍摄的视频效果

下面介绍具体的操作方法：

步骤 01 在 DJI Fly App 的相机界面中，点击拍摄模式按钮，在弹出的面板中，❶ 选择"一键短片"选项；❷ 选择"小行星"拍摄模式，如图 8-24 所示。

图 8-24　选择"小行星"拍摄模式

步骤 02 ❶ 在屏幕中框选建筑的顶部为目标；❷ 点击 Start（开始）按钮，如图 8-25 所示，无人机开始飞行和拍摄，拍摄任务完成后，可以直接飞回到起点。

第 8 章 一键短片：无人机自动拍摄并生成短视频

图 8-25 点击 Start（开始）按钮

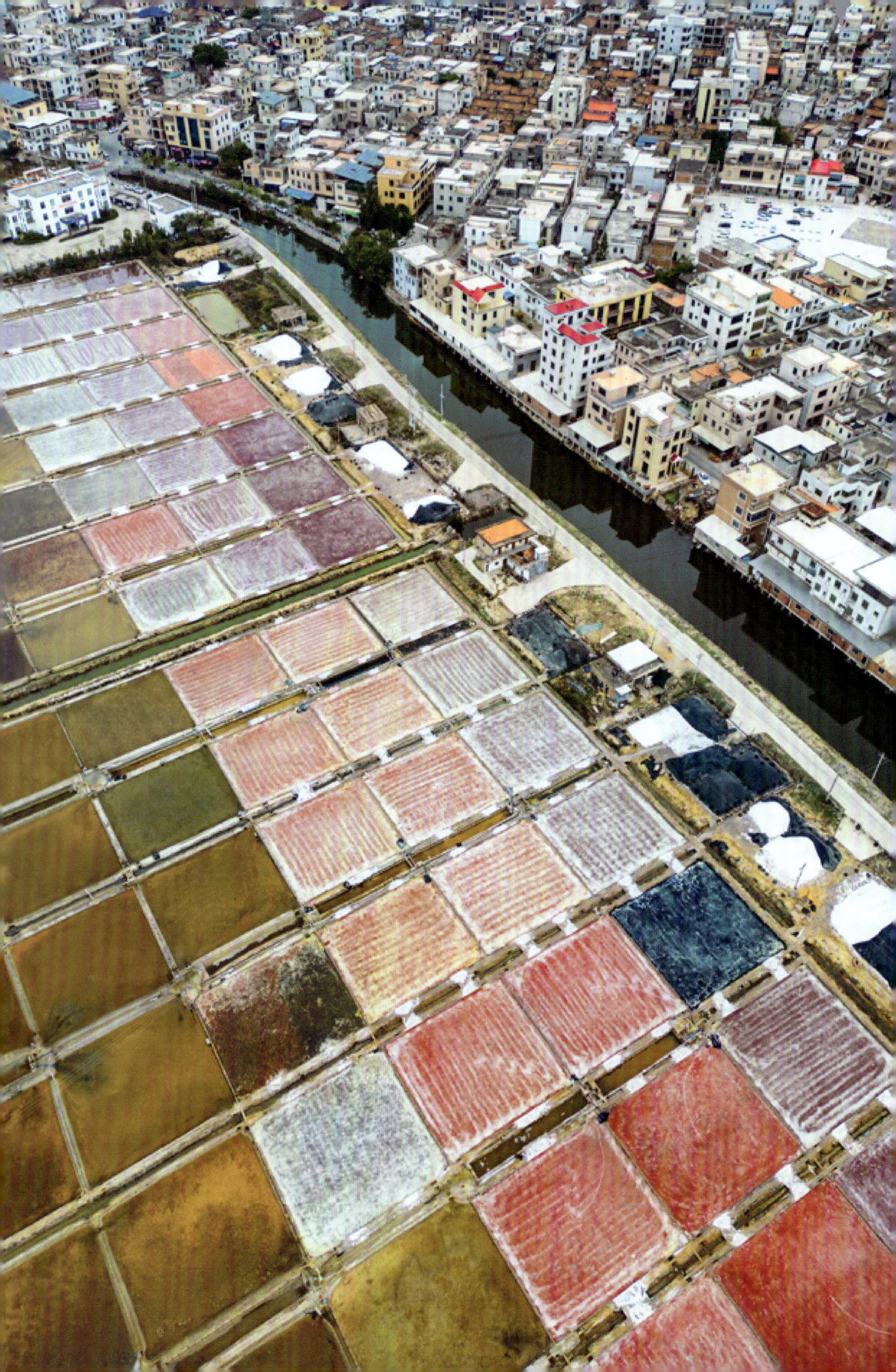

第 9 章

智能跟随：
无人机自动跟拍运动中的物体

　　智能跟随模式是一种高级的飞行功能，它允许无人机自动跟踪并拍摄移动的目标，如人、车辆或其他物体。在使用智能跟随模式时，可以让你解放双手，实现拍摄自由。不像一键短片模式，无人机会自动拍摄视频，在智能跟随模式下，需要用户手动点击拍摄按钮，才能拍摄视频。本章为大家介绍智能跟随模式的使用方法。

9.1 普通跟随模式

在大疆御 3 Pro 无人机的普通跟随模式下,用户可以让无人机从 4 个方向上跟随目标对象。在飞行的过程中,用户可以拍摄视频,视频效果如图 9-1 所示。

图 9-1 视频效果

下面介绍具体的操作方法:

步骤 01 在 DJI Fly App 的相机界面中,用手指在屏幕中框选汽车为目标,如图 9-2 所示。

图 9-2 在屏幕中框选汽车为目标

步骤 02 目标被选中之后,会在绿色的方框内显示 图标,表示跟随的是汽车,弹出相应的面板,选择"跟随"模式,如图 9-3 所示。

步骤 03 弹出"追踪"菜单,❶ 选择 L 选项;❷ 点击 GO 按钮,跟随运动中的汽车;❸ 点击拍摄按钮 ,如图 9-4 所示,即可拍摄视频。

步骤 04 在飞行的过程中,无人机会根据环境调整飞行方向,拍摄完成后,❶ 点击 Stop 按钮,无人机即可停止自动飞行和跟随;❷ 点击拍摄按钮 ,如图 9-5 所示,停止录像。

第 9 章　智能跟随：无人机自动跟拍运动中的物体

> **温馨提示**
>
> "追踪"菜单中的 B 表示从背面跟随；F 表示从正面跟随；R 表示从右侧跟随；L 表示从左侧跟随。

图 9-3　选择"跟随"模式

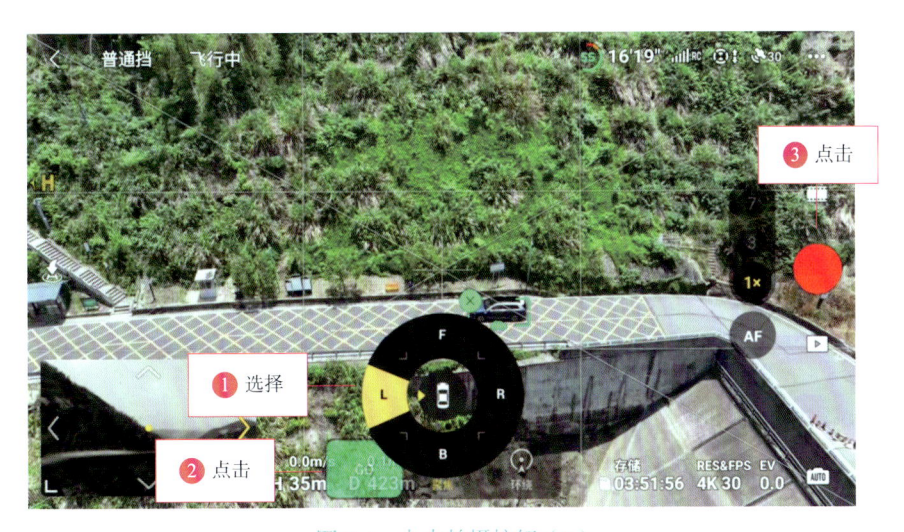

图 9-4　点击拍摄按钮（1）

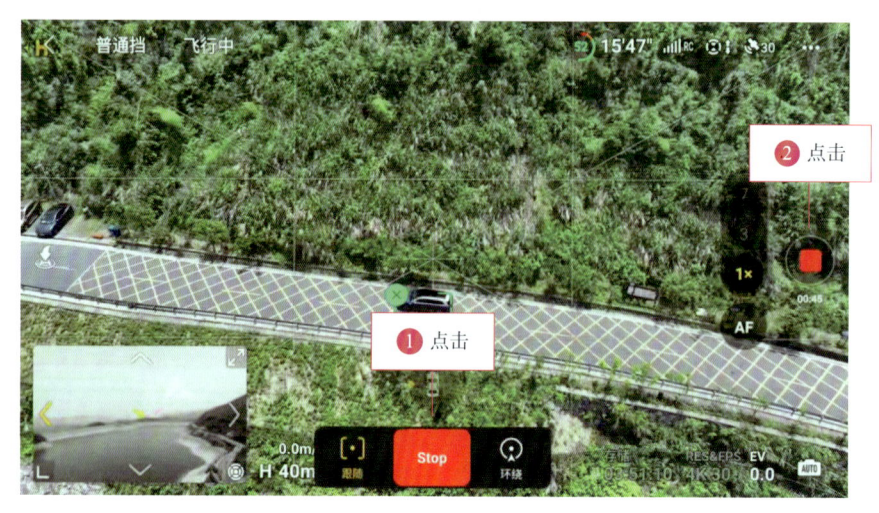

图 9-5　点击拍摄按钮（2）

9.2 聚焦跟随模式

当我们使用聚焦跟随模式时，无人机将锁定目标对象，无论无人机向哪个方向飞行，云台相机都会一直锁定目标对象。如果用户没有打杆，那么无人机将固定位置不动，但云台相机会紧紧锁定和跟踪人物目标。

用户也可以通过操作摇杆的方向和云台的俯仰角度，拍摄大片，视频效果如图 9-6 所示。

图 9-6　视频效果

第 9 章 智能跟随：无人机自动跟拍运动中的物体

图 9-6 视频效果（续）

下面介绍具体的操作方法：

步骤 01 在 DJI Fly App 的相机界面中，用手指在屏幕中框选汽车为目标，如图 9-7 所示。

步骤 02 框选成功之后，目标处于绿框内，弹出相应的面板，❶ 默认选择"聚焦"模式；❷ 点击拍摄按钮，如图 9-8 所示。

步骤 03 当汽车行驶时，无人机会调整相机云台的角度来锁定拍摄，这时用户可以调整遥控器上的左右摇杆和云台俯仰拨轮，一边跟随汽车一边调整角度拍摄，从而让视频效果更加精彩，如图 9-9 所示。

图 9-7 在屏幕中框选汽车为目标

123

图 9-8　点击拍摄按钮

图 9-9　运镜调整视频画面

9.3 环绕跟随模式

　　环绕跟随模式是指无人机在跟随目标对象的同时，环绕目标对象飞行。使用环绕跟随模式，可以让无人机向左环绕，也可以让无人机向右环绕，同时还能设置环绕飞行的速度，视频效果如图 9-10 所示。

第 9 章　智能跟随：无人机自动跟拍运动中的物体

图 9-10　视频效果

下面介绍具体的操作方法：

步骤 01 在 DJI Fly App 的相机界面中点击 3 按钮，如图 9-11 所示，开启 3 倍中长焦相机。

图 9-11　点击 3 按钮

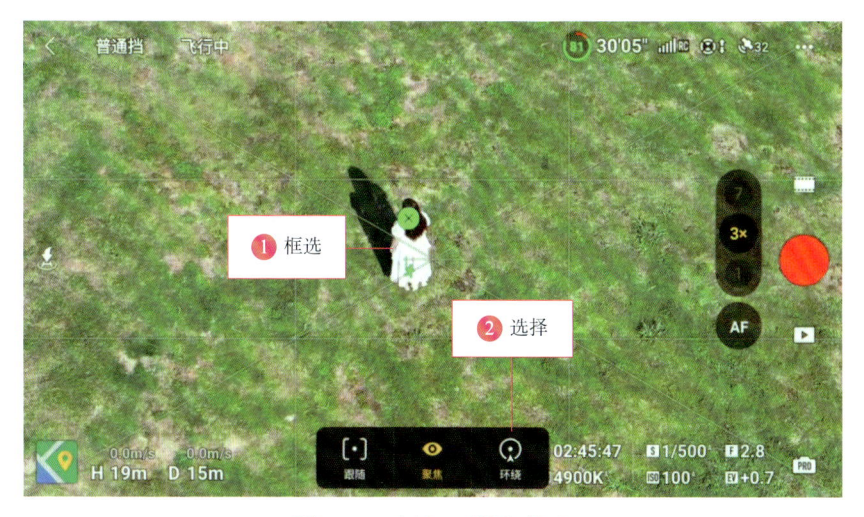

步骤 02 ❶ 用手指在屏幕中框选人物为目标，弹出相应的面板；❷ 选择"环绕"模式，如图 9-12 所示。

图 9-12　选择"环绕"模式

步骤 03 ❶ 默认设置向右环绕的方向，环绕速度为中等，在人物运动的时候；❷ 点击 GO 按钮，如图 9-13 所示。

图 9-13　点击 GO 按钮

步骤 04 无人机将跟随人物并环绕飞行，拍摄完成后，❶ 点击 Stop 按钮，即可停止跟随飞行；❷ 点击拍摄按钮 ，如图 9-14 所示，停止录像。

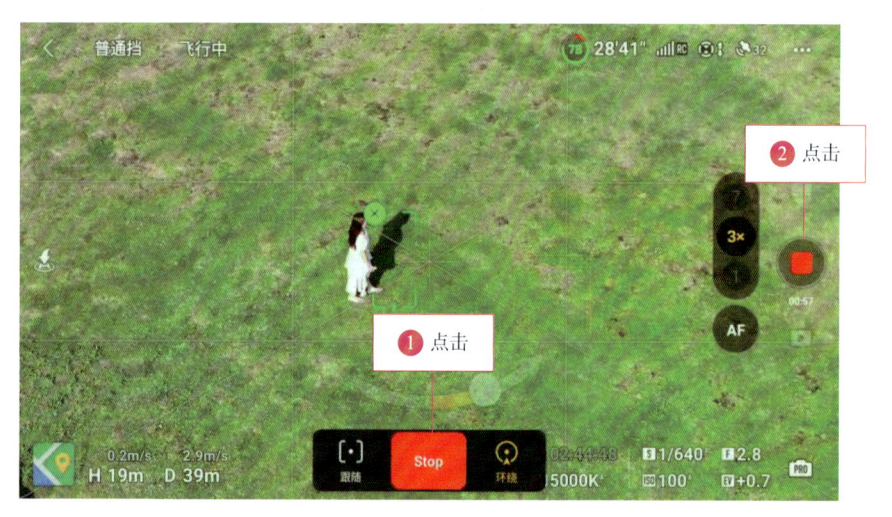

图 9-14　点击 Stop 按钮

> **温馨提示**
>
> 在环绕跟随的过程中，用户可以通过滑动控制按钮，调整环绕速度的快和慢。

| 第 10 章 |

大师镜头：
轻松拍摄出高质量的视频

大师镜头模式能够根据拍摄目标的类型和距离等信息，智能匹配人像、近景或远景 3 种飞行轨迹，并自动执行多种经典航拍运镜，如缩放变焦、扣拍旋转、横滚前飞等。拍摄完成后，无人机还会自动剪辑成片，并提供多种风格模板供用户选择，使新手也能一键制作出专业级别的航拍视频。本章带领大家掌握大师镜头拍摄模式。

10.1 选择拍摄目标

大师镜头包含 3 种飞行轨迹、10 段镜头，以及 20 种模板。在大师镜头模式下，无人机会根据拍摄对象，自动规划出飞行轨迹。在拍摄视频之前，需要选择拍摄目标。用户可以通过框选或者点击目标对象的方式，选择目标。

下面介绍具体的操作方法：

步骤01 在 DJI Fly App 的相机界面中，点击拍摄模式按钮，如图 10-1 所示。

图 10-1 点击拍摄模式按钮

步骤02 在弹出的面板中选择"大师镜头"拍摄模式，如图 10-2 所示。

图 10-2 选择"大师镜头"拍摄模式

第 10 章 大师镜头：轻松拍摄出高质量的视频

步骤 03 ❶ 用手指在屏幕中框选目标对象，等方框内的区域变绿，即可成功选择目标；❷ 点击 Start（开始）按钮，开始拍摄任务，如图 10-3 所示。

图 10-3 点击 Start（开始）按钮

步骤 04 弹出"位置调整中…"提示，无人机会自动调整位置，如图 10-4 所示。

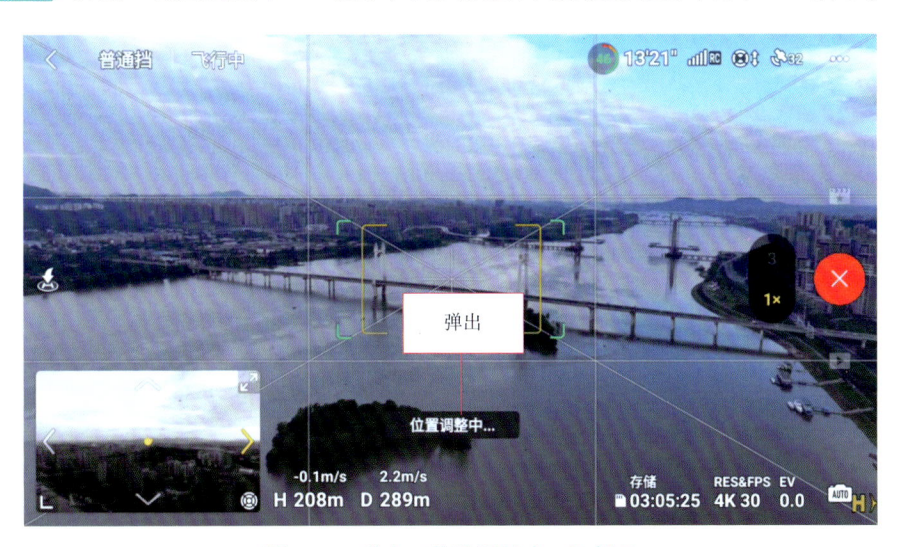

图 10-4 弹出"位置调整中…"提示

温馨提示

在大师镜头模式下，用户可以根据拍摄环境的需要，调整拍摄区域的宽度、长度、高度等参数。

129

10.2 拍摄 10 段运镜画面

在选择完目标之后，下一步就是拍摄镜头。在拍摄的时候，无人机会按着轨迹飞行和运镜拍摄，这时候不需要操作摇杆，只需要观察无人机周围有无障碍物即可，如果遇到障碍物，及时按下遥控器上的急停按键，让无人机停止飞行和拍摄。

下面为大家展示拍摄好的 10 段运镜视频效果，分别是渐远、远景环绕、抬头前飞、横滚前飞、近景环绕、缩放变焦、中景环绕、冲天、平拍下降和平拍旋转运镜，如图 10-5 所示。

渐远

图 10-5　10 段运镜视频效果

第 10 章 大师镜头：轻松拍摄出高质量的视频

远景环绕

抬头前飞

横滚前飞

近景环绕

缩放变焦

图 10-5 10 段运镜视频效果（续）

中景环绕

冲天

平拍下降

平拍旋转

图 10-5　10 段运镜视频效果（续）

10.3　选择模板导出作品

在 DJI Fly 中有多种风格模板可选，大家可以根据视频内容选择模板，一键导出成品视频。

第 10 章 大师镜头：轻松拍摄出高质量的视频

在套用模板的时候，最好选择与视频风格相类似的模板，这样生成的视频才自然，视频效果如图 10-6 所示。

图 10-6 视频效果

下面介绍具体的操作方法：

步骤 01 在 DJI Fly App 的相机界面中，点击回放按钮 ▶，如图 10-7 所示。

图 10-7 点击回放按钮

步骤 02 进入相应的界面，在其中选择拍摄好的大师镜头视频，如图 10-8 所示。

步骤 03 进入相应的界面，点击"生成大师镜头"按钮，如图 10-9 所示。

步骤 04 ❶ 切换至"流行"选项卡；❷ 选择"精彩旅途"选项，预览效果，如果对效果满意；❸ 点击导出按钮 ，如图 10-10 所示，稍等片刻，即可导出成品视频。

> **温馨提示**
>
> 在大师镜头模式下，由于无人机型号的原因，模板类型也会有区别，一般而言，御 3 Pro 的模板类型最多。

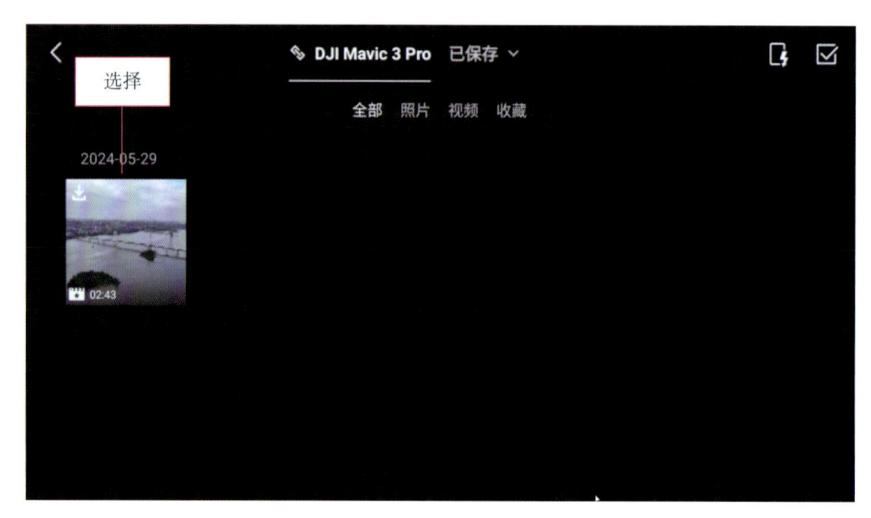

图 10-8　选择拍摄好的大师镜头视频

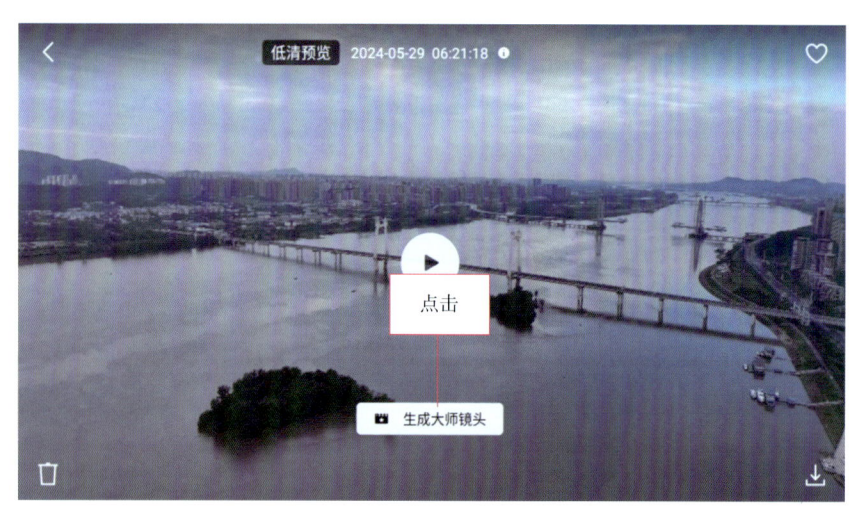

图 10-9　点击"生成大师镜头"按钮

图 10-10　点击导出按钮

| 第 11 章 |

全景拍摄：
展现广阔的视野和细节

　　无人机的全景模式是一种强大的拍摄功能，它允许无人机围绕一个中心点进行360°或特定角度拍摄，从而生成全景图像。一般是通过拍摄多张照片并将它们拼接成一张全景照片，这样可以捕捉更广阔的视野。大疆无人机的全景模式提供了多种选择，包括球形、180°、广角和竖拍全景。本章介绍无人机全景照片的拍摄技巧，帮助用户轻松拍摄出高质量的全景照片。

11.1 球形全景

球形全景是指无人机自动拍摄 33 张照片，然后进行自动拼接，拍摄完成后，用户在查看照片效果时，可以点击球形照片的任意位置，相机将自动缩放到该区域的局部细节，查看一张动态的全景照片。图 11-1 为使用无人机航拍的球形全景照片效果。

图 11-1　球形全景照片效果

下面介绍球形全景的具体拍法：

步骤 01　在 DJI Fly App 的相机界面中，点击拍摄模式按钮，在弹出的面板中，❶ 选择"全景"选项；❷ 默认选择"球形"全景模式；❸ 点击拍摄按钮，如图 11-2 所示。

步骤 02　无人机会自动拍摄照片，右侧显示拍摄进度，拍摄完成后，显示"合成中…"提示，如图 11-3 所示，稍等片刻，即可合成成功。

第 11 章　全景拍摄：展现广阔的视野和细节

图 11-2　点击拍摄按钮

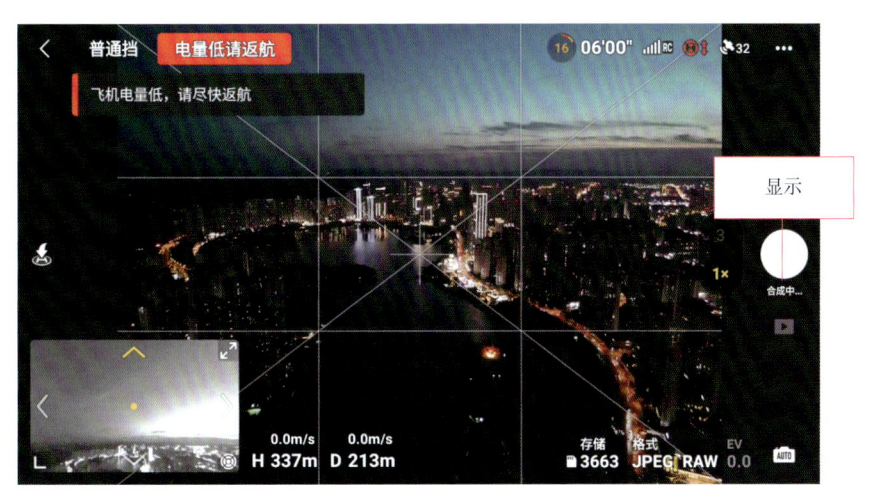

图 11-3　显示"合成中…"提示

11.2　180°全景

　　180°全景是指 21 张照片的拼接效果，以地平线为中心线，天空和地景各占照片的二分之一。图 11-4 为使用无人机航拍的 180°全景照片效果。

图 11-4　180°全景照片效果

下面介绍具体的操作方法：

步骤 01 在 DJI Fly App 的相机界面中，点击拍摄模式按钮 ，在弹出的面板中，❶ 选择"全景"选项；❷ 选择 180°全景模式；❸ 点击拍摄按钮 ，如图 11-5 所示。

图 11-5　点击拍摄按钮

步骤 02 无人机会自动拍摄照片，右侧显示拍摄进度，如图 11-6 所示，拍摄完成后，自动合成全景照片。

11.3 广角全景

无人机中的广角全景是指 9 张照片的拼接效果，拼接出来的照片尺寸为 4∶3，画面同样是以地平线为上下分割线进行拍摄。图 11-7 为在秀峰山公园上空使用广角全景模式航拍的建筑效果。

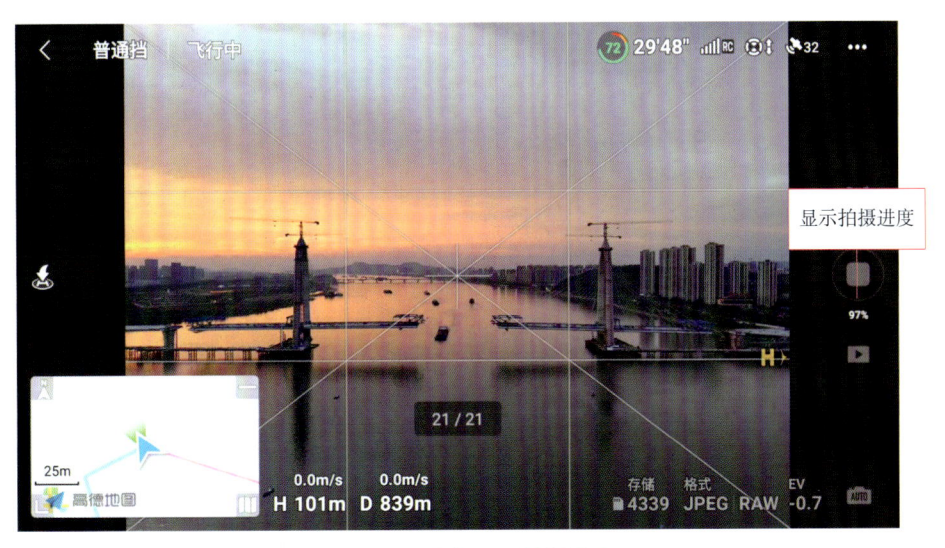

第 11 章 全景拍摄：展现广阔的视野和细节

图 11-6 右侧显示拍摄进度

图 11-7 广角全景照片效果

下面介绍具体的操作方法：

步骤 01 在 DJI Fly App 的相机界面中，点击拍摄模式按钮 ，在弹出的面板中，❶ 选择"全景"选项；❷ 选择"广角"全景模式；❸ 点击拍摄按钮 ，如图 11-8 所示。

139

图 11-8 点击拍摄按钮

步骤 02 无人机会自动拍摄照片,右侧显示拍摄进度,如图 11-9 所示,拍摄完成后,自动合成全景照片。

图 11-9 右侧显示拍摄进度

11.4 竖拍全景

无人机中的竖拍全景是指 3 张照片的拼接效果,什么时候才适合用竖拍全景模式呢?一是拍摄的对象具有竖向的狭长性或线条性,二是展现空间的纵深感,以及里面有合适的点睛对象。

第 11 章　全景拍摄：展现广阔的视野和细节

　　图 11-10 为使用竖拍全景模式航拍的建筑照片，把狭长的高塔进行全景拍摄，展示其高耸感。

图 11-10　竖拍全景照片效果

下面介绍具体的操作方法：

　　在 DJI Fly App 的相机界面中，点击拍摄模式按钮 ▤，在弹出的面板中，❶ 选择"全景"选项；❷ 选择"竖拍"全景模式；❸ 点击拍摄按钮 ◯，如图 11-11 所示，拍摄完成后，自动合成全景照片。

图 11-11　点击拍摄按钮

> **温馨提示**
>
> 除了使用机内自动拍摄合成全景照片外,用户也可以通过前期手动拍摄照片,再通过后期拼接予以实现,主要的操作方法如下:
>
> ① 将画面横向或竖向连续拍摄(前后两张重叠三分之一以上),直到把所有拟入画的视野都拍摄到。
>
> ② 在后期中使用 Photoshop 的 Photomerge 功能或其他方式完成拼接,并通过适当的裁剪完成画幅的确定,横向拼接的效果如图 11-12 所示。
>
> 图 11-12　横向拼接的效果

| 第 12 章 |

延时摄影：
带来震撼的视觉体验

无人机的延时摄影是一种通过无人机搭载相机，以固定间隔拍摄一系列照片，然后将这些照片串联起来制作成视频的技术。这种技术能够展现时间流逝的美丽画面，广泛应用于风景展示、城市规划、事件记录等多个领域。无人机的延时摄影功能是无人机航拍中一个巨大的亮点，掌握这项功能，可以让你的无人机航拍水平再上一个台阶。本章为大家介绍无人机延时摄影的技巧。

12.1 拍摄准备：掌握延时摄影的注意事项

在拍摄慢速或连续变化的场景时，如日出日落、云彩飘动、花开花落、城市夜景等，延时视频能让观众有一种与众不同的视觉体验。本章为大家介绍延时摄影的注意事项。

12.1.1 准备流程和拍摄要点

延时拍摄需要花费大量的时间成本，有时候需要好几个小时才能拍出一段理想的片子，如果你不想自己拍出来的是废片，那么事先应做好充足的准备，才能更好地提高出片效率。下面介绍几点延时航拍前的准备工作：

① 存储卡在延时拍摄中很重要，在连续拍摄的过程中，如果 SD 卡存在缓存问题，就很容易导致画面卡顿，甚至漏拍。在拍摄前，最好准备一张大容量、高传输速度的 SD 卡。

② 设置好拍摄参数，推荐大家用自动挡拍摄，可以在拍摄中根据光线变化调整光圈、快门速度和 ISO 参数。

③ 白天拍摄延时摄影的时候，在光线强烈的环境中，建议配备 ND64 滤镜，降低快门速度为 1/8，可以达到延时视频比较自然的动感模糊效果。

④ 建议用户采用手动对焦，对准目标自动对焦完毕后，切换至手动模式，避免拍摄途中焦点漂移，导致拍摄出来的画面不清晰。

⑤ 由于延时拍摄的时间较长，建议用户让无人机在满电或者电量充足的情况下拍摄，避免无人机没电，影响拍摄效率。

⑥ 建议打开保存原片设置，保存原片会给后期调整带来更多的空间，也可以制作出 4K 分辨率的延时视频效果。点击右下角的"格式"按钮，在其中可以选择 RAW 格式，如图 12-1 所示。

图 12-1 选择 RAW 格式

除此之外，也可以在"拍摄"设置界面选择 RAW 的原片类型，如图 12-2 所示。

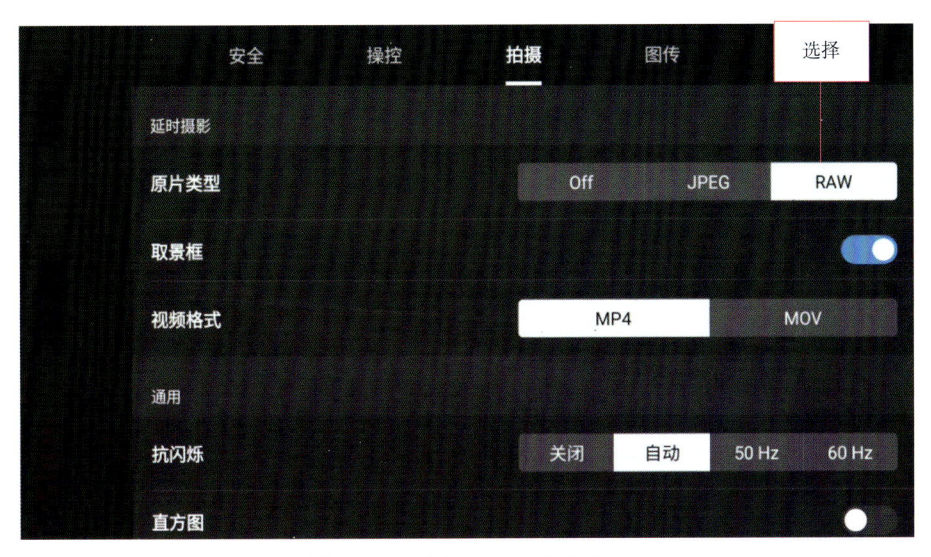

第 12 章 延时摄影：带来震撼的视觉体验

图 12-2 选择 RAW 的原片类型

⑦ 在拍摄之前，预先规划无人机的飞行路线和拍摄点，可以提高拍摄效率和作品质量。
⑧ 不要在大风天气拍摄延时，拍出来的画面可能会非常抖动。
⑨ 拍摄完成后，可以在视频编辑软件中进行剪辑、调色、添加音乐等，以增强作品的观赏性。

12.1.2 认识无人机的延时模式

建议新手用户在开始学习航拍延时视频的时候，可以先从无人机内置的延时功能开始学习，后续再根据拍摄需求增加自定义拍摄方法。

下面介绍进入"延时摄影"模式的操作方法：

步骤 01 在 DJI Fly App 的相机界面中，点击拍摄模式按钮 ，如图 12-3 所示。

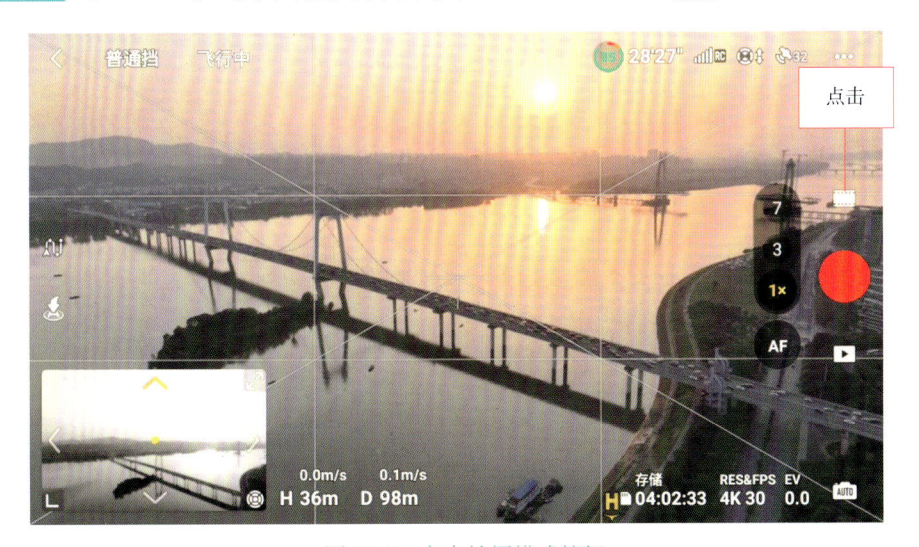

图 12-3 点击拍摄模式按钮

步骤 02 在弹出的面板中，❶ 选择"延时摄影"选项；❷ 弹出 4 种延时拍摄模式，有自由

145

延时、环绕延时、定向延时和轨迹延时，如图 12-4 所示。

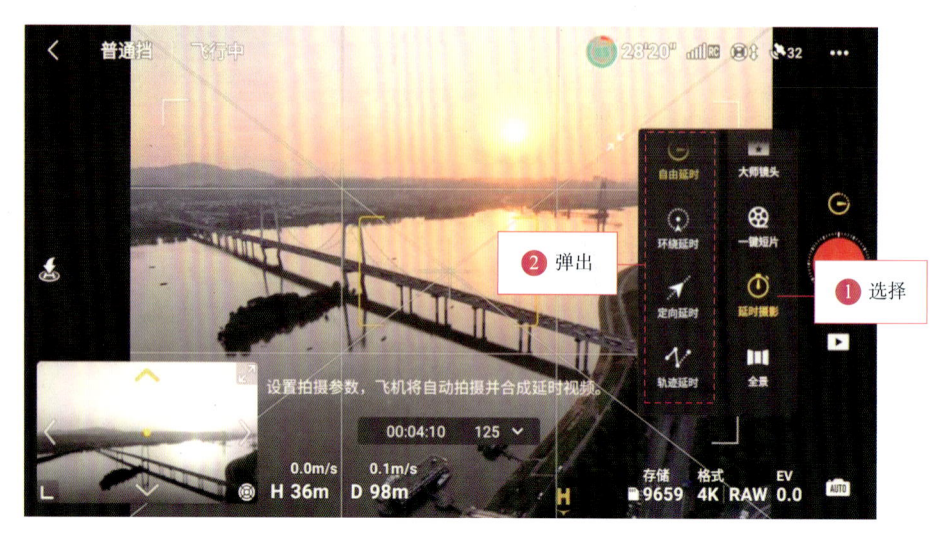

图 12-4　4 种延时拍摄模式

12.2　实战拍摄：创作 4 种延时视频

目前大疆无人机包含 4 种延时模式。选择相应的延时拍摄模式后，无人机将在设定的时间内自动拍摄一定数量的序列照片，并生成延时视频。本节主要介绍 4 种延时摄影模式的拍法，帮助大家学会拍摄延时视频。

12.2.1　自由延时

自由延时是唯一一个不用起飞就可以拍摄的延时模式，可以在地面拍摄，也可以在空中悬停拍摄。不过，随着定速巡航功能的更新，可以搭配自由延时一起使用，从而可以拍出大范围的移动延时视频，使用自由延时拍摄的视频效果如图 12-5 所示。

图 12-5　使用自由延时拍摄的视频效果

第 12 章 延时摄影：带来震撼的视觉体验

下面介绍自由延时的拍摄方法：

步骤 01 当雨后空中出现美丽的云海时，可以拍摄延时视频。在 DJI Fly App 的相机界面中，点击拍摄模式按钮　　，如图 12-6 所示。

图 12-6 点击拍摄模式按钮

步骤 02 在弹出的面板中，❶ 选择"延时摄影"选项；❷ 默认选择"自由延时"拍摄模式，设置默认的拍摄间隔、视频时长和速度；❸ 点击拍摄按钮　　，如图 12-7 所示，无人机开始拍摄序列照片，画面下方显示拍摄进度。

图 12-7 点击拍摄按钮

步骤 03 照片拍摄完成后，弹出"正在合成视频"提示，右侧也会显示合成的进度，如图 12-8 所示。

步骤 04 待合成完毕后，弹出"视频合成完毕"提示，即可拍摄一段记录云朵和车流变化的延时视频，如图 12-9 所示。

147

> **温馨提示**
>
> 在拍摄延时视频时，可以使用前景构图。前景可以帮助增强画面的深度和层次感，引导观众的视线，以及创造更有趣和引人入胜的图像。如建筑、桥梁、树木、人群等前景，可以增强画面的故事性。

图 12-8　弹出"正在合成视频"提示

图 12-9　弹出"视频合成完毕"提示

12.2.2　环绕延时

在"环绕延时"模式中，无人机可以自动根据框选的目标计算环绕半径，然后用户可以选择顺时针或者逆时针环绕拍摄。在选择环绕目标对象时，尽量选择位置上没有明显变化的物体对象，使用环绕延时拍摄的视频效果如图 12-10 所示。

第 12 章 延时摄影：带来震撼的视觉体验

图 12-10 使用环绕延时拍摄的视频效果

下面介绍环绕延时的拍摄方法：

步骤 01 在日落时分可以拍摄延时视频，在 DJI Fly App 的相机界面中，点击拍摄模式按钮 ，如图 12-11 所示。

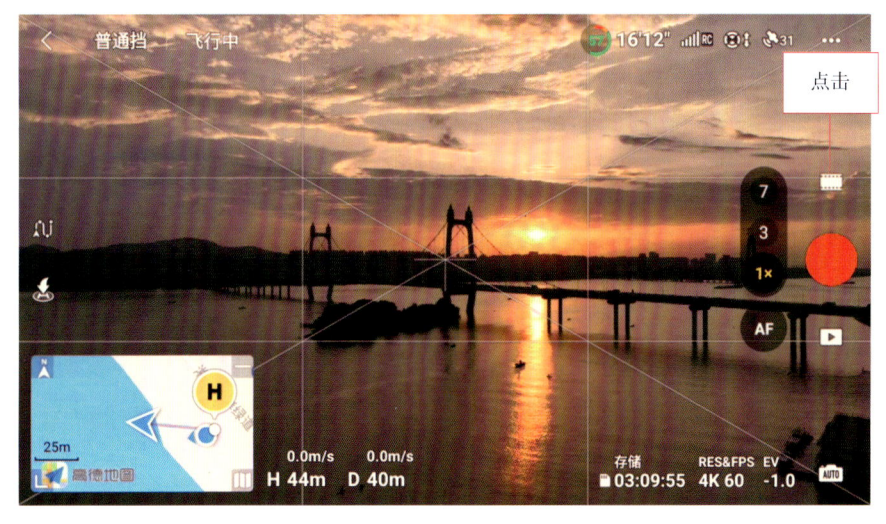

图 12-11 点击拍摄模式按钮

步骤 02 在弹出的面板中，❶ 选择"延时摄影"选项；❷ 选择"环绕延时"拍摄模式；❸ 点击 按钮，如图 12-12 所示，消除提示。

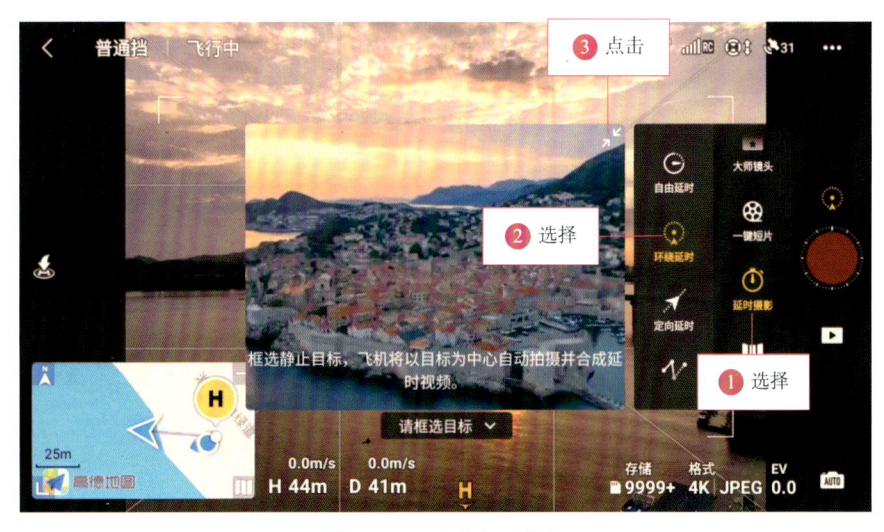

图 12-12 点击相应按钮

149

步骤03 ❶用手指在屏幕中框选大桥建筑为目标；❷点击拍摄按钮 ⏺，如图12-13所示。

步骤04 无人机测算一段距离之后，开始围绕目标拍摄序列照片，这时发现环绕方向不是自己想要的，点击拍摄按钮 ⏹，如图12-14所示，停止拍摄。

步骤05 默认设置"拍摄间隔"参数为2s、"视频时长"参数为5s、"速度"参数为0.5m/s ❶设置"环绕方向"为顺时针；❷点击拍摄按钮 ⏺，如图12-15所示，无人机开始拍摄序列照片，稍等片刻，即可拍摄和合成一段环绕延时视频。

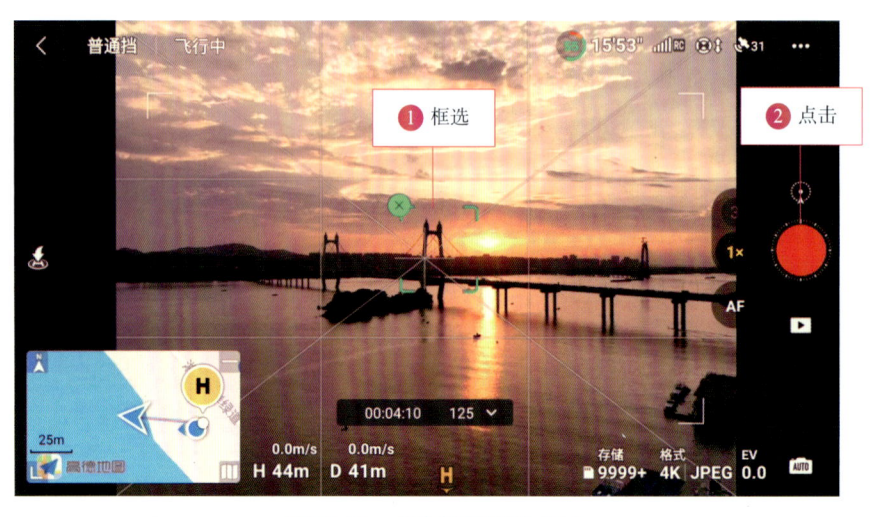

图12-13 点击拍摄按钮（1）

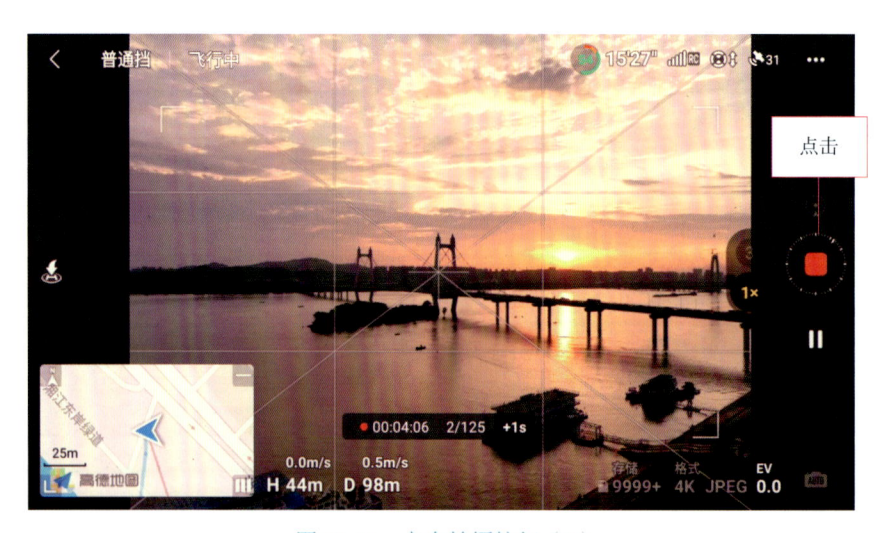

图12-14 点击拍摄按钮（2）

第 12 章　延时摄影：带来震撼的视觉体验

图 12-15　点击拍摄按钮（3）

12.2.3　定向延时

"定向延时"模式通常应用于拍摄直线飞行的移动延时，并且可以利用"定向延时"模式拍摄甩尾效果的视频。在"定向延时"模式下，一般默认当前无人机的朝向设定飞行方向，如果不修改无人机的镜头朝向，无人机则向前飞行，使用定向延时拍摄的视频效果如图 12-16 所示。

图 12-16　使用定向延时拍摄的视频效果

下面介绍定向延时的拍摄方法：

步骤 01　在天空出现丁达尔效应时，在 DJI Fly App 的相机界面中，点击拍摄模式按钮 ▢ ，如图 12-17 所示。

步骤 02　在弹出的面板中，❶ 选择"延时摄影"选项，发现画面曝光过度；❷ 点击右下角的 PRO（手动）按钮，如图 12-18 所示，切换至 AUTO（自动）拍摄挡位。

步骤 03　❶ 设置 EV 参数为 -0.7，降低画面曝光；❷ 点击拍摄模式按钮 ↗ ；❸ 选择"定向延时"拍摄模式；❹ 点击 ▲ 按钮，如图 12-19 所示，消除提示。

步骤 04　❶ 点击锁定按钮 🔒 ，锁定航线 🔒 ，设置默认的拍摄间隔、视频时长和速度；❷ 点击拍摄按钮 ⬤ ，如图 12-20 所示，无人机即可拍摄和合成一段定向延时视频。

图 12-17　点击拍摄模式按钮

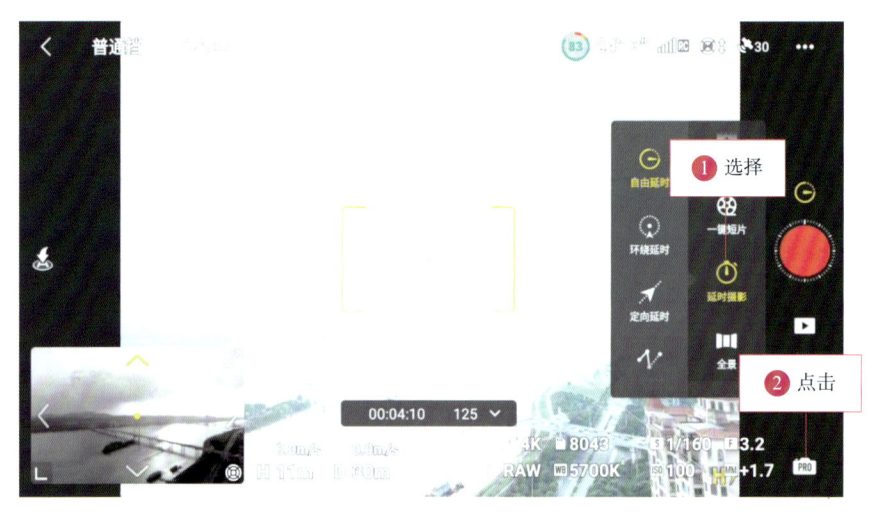

图 12-18　点击 PRO（手动）按钮

图 12-19　点击相应按钮

第 12 章 延时摄影：带来震撼的视觉体验

图 12-20 点击拍摄按钮

12.2.4 轨迹延时

使用"轨迹延时"拍摄模式时，可以设置多个航点，不过主要还是需要设置画面的起幅点和落幅点。在拍摄之前，用户需要提前让无人机沿着航线飞行，到达所需的高度，设定朝向后再添加航点，航点会记录无人机的高度、朝向和摄像头角度。

全部航点设置完毕后，无人机可以按正序或倒序的方式拍摄轨迹延时，使用轨迹延时拍摄的视频效果如图 12-21 所示。

图 12-21 使用轨迹延时拍摄的视频效果

图 12-21　使用轨迹延时拍摄的视频效果（续）

下面介绍轨迹延时的拍摄方法：

步骤 01 当天空出现美丽的晚霞时，在 DJI Fly App 的相机界面中，点击拍摄模式按钮 ▢，如图 12-22 所示。

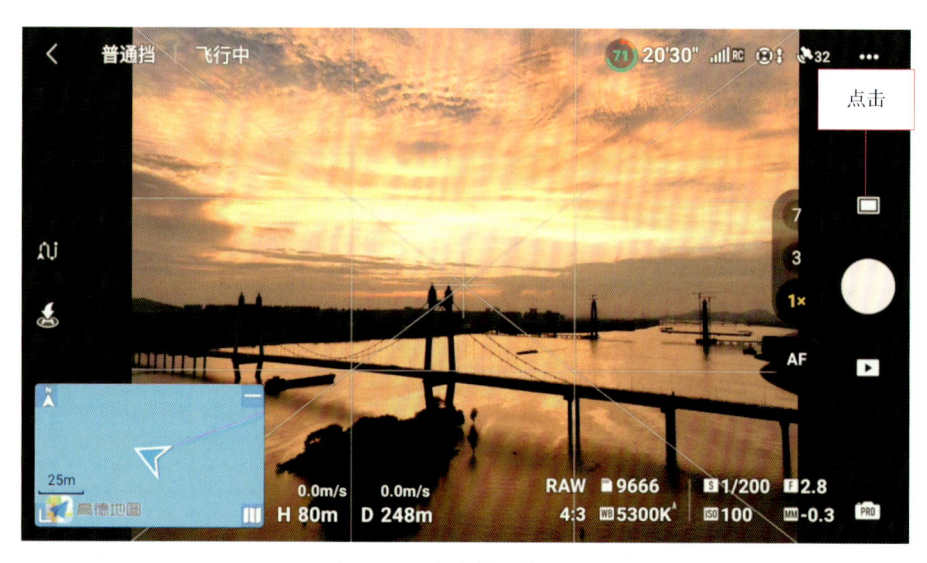

图 12-22　点击拍摄模式按钮

步骤 02 在弹出的面板中，❶ 选择"延时摄影"选项；❷ 选择"轨迹延时"拍摄模式；❸ 点击 ⬈ 按钮，消除提示，调整画面构图；❹ 点击"请设置取景点"旁边的下拉按钮 ⌄，如图 12-23 所示。

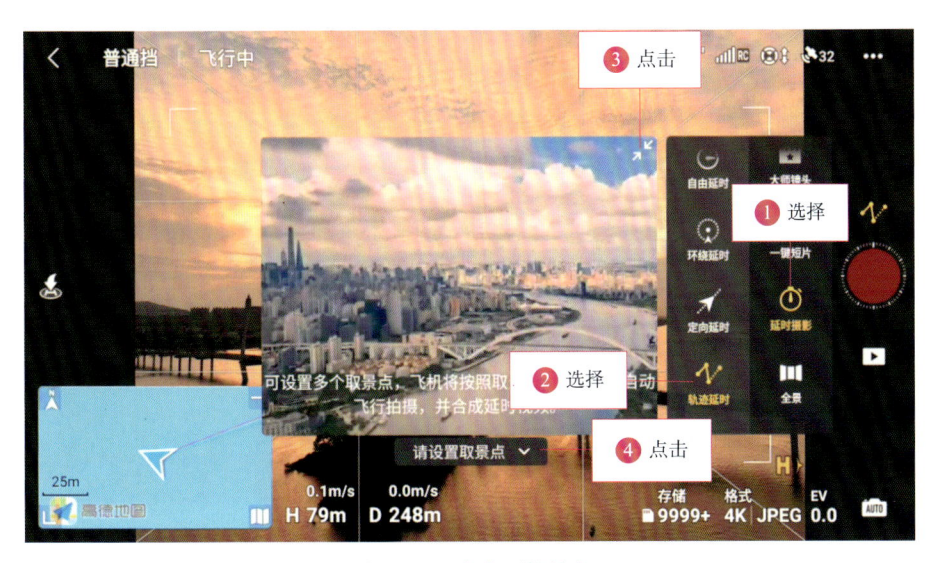

第 12 章　延时摄影：带来震撼的视觉体验

图 12-23　点击下拉按钮

步骤 03 点击 ■ 按钮，设置无人机轨迹飞行的起幅点，如图 12-24 所示。

步骤 04 向下推动右侧的摇杆，让无人机后退飞行一段距离，点击 ■ 按钮，❶ 添加落幅点；❷ 点击更多按钮 ⋯，如图 12-25 所示。

步骤 05 默认设置"正序"拍摄顺序、"拍摄间隔"参数为 2s，❶ 点击"视频时长"按钮，设置参数为 6s；❷ 点击拍摄按钮 ●，如图 12-26 所示，无人机即可拍摄和合成一段后退轨迹延时视频。

图 12-24　点击相应按钮

图 12-25　点击更多按钮

图 12-26　点击拍摄按钮

| 第 13 章 |

长焦航拍：
创造出独特的画面效果

无人机的长焦镜头能够为观众带来震撼的视觉效果和丰富的细节展现，通过前景、中景和背景的合理布局，创造出富有层次感和空间感的画面。以大疆御 3 Pro 无人机为例，其搭载的长焦镜头在航拍中的表现出色。通过该镜头，摄影师可以在不接近目标的情况下拍摄到远处的细节和美景。目前，只有 Mini 系列无人机未配备长焦镜头。

13.1 长焦入门：认识长焦镜头和作用

大疆御 3 Pro 无人机最大的亮点就在于它的镜头。哈苏广角相机、中长焦相机和长焦相机这 3 颗镜头可以实现多段变焦，让航拍有了更多的玩法，也让无人机从此进入了"三摄"时代，本节为大家介绍长焦航拍的技巧。

13.1.1 认识长焦镜头和模式

大疆御 3 Pro 无人机最大的亮点和卖点无疑是拥有 3 颗摄像头，包括主摄 4/3 CMOS 哈苏相机和中长焦相机、长焦相机，如图 13-1 所示。

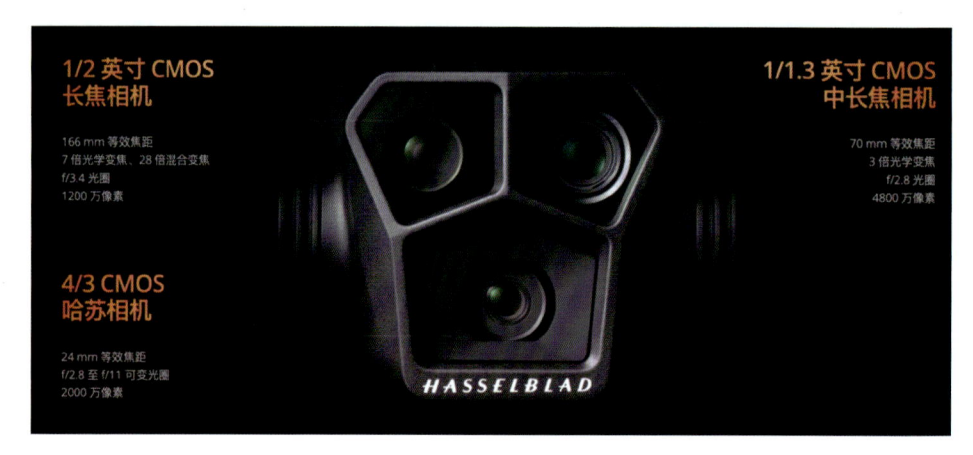

图 13-1 3 颗摄像头

70 毫米等效焦距的中长焦相机可以实现 3 倍变焦，166 毫米等效焦距的长焦相机可以实现 7 倍变焦，也能实现最高 28 倍的混合变焦。

目前，由于固件版本的更新，一些拍摄模式从仅支持广角相机，到可以使用长焦相机镜头拍摄，下面为大家进行相应的介绍。

① 支持 3 倍变焦的拍摄模式：单拍模式、探索模式、AEB 连拍模式、连拍模式、定时模式、普通模式、夜景模式、延时模式、一键短片模式（除了小行星模式）、球形全景模式，大师镜头模式。

② 支持 7 倍变焦的拍摄模式：单拍模式、探索模式、AEB 连拍模式、连拍模式、定时模式、普通模式。

③ 支持 28 倍变焦的拍摄模式：探索模式。

13.1.2 掌握长焦航拍的作用

广角相机镜头可以捕捉到更宽广的场景，在拍摄风景和建筑上，可以使画面能够包含更多的元素。

当然，广角画面也会使人感觉到视觉疲劳，这时长焦航拍就能带给观众不一样的新鲜体验。下面为大家介绍一些长焦航拍的作用：

① 突出主体：长焦镜头可以压缩视角，使得背景与拍摄主体之间的距离感缩小，从而让主体在画面中显得更加突出，如图 13-2 所示。

图 13-2　突出主体

② 画面压缩效果：长焦镜头可以压缩空间感，使得远处的物体看起来更接近，这在拍摄山脉、城市、建筑风光等场景时，可以创造出独特的视觉效果，如图 13-3 所示。

图 13-3　画面压缩效果

③ 简洁构图：使用长焦镜头可以减少画面中不必要的元素，使得构图更加简洁有力，如图 13-4 所示。

图 13-4　简洁构图

④ 控制透视：与广角镜头相比，长焦镜头拍摄的物体、建筑、人物等不会产生明显的透视变形，保持直线更加笔直，如图 13-5 所示。

图 13-5　控制透视

第 13 章　长焦航拍：创造出独特的画面效果

拼接长焦图片可以制作一张更大画幅的照片，在保留长焦镜头透视感的同时获得了更为开阔的视角，创造出相对独特的画面感受，同时也能在一定程度上打破无人机焦段较少而对视野范围产生的限制，如图 13-6 所示。

图 13-6　长焦图片的拼接效果

当遇到远处的景物时，可以通过远望拍摄，优先使用长焦镜头截取拍摄，减少无人机的飞行距离，提升飞行效率。当遇到野生动物拍摄等需远望拍摄的情景，长焦镜头也能帮助我们以不打扰的方式完成拍摄，如图 13-7 所示。

图 13-7　使用长焦镜头拍摄野生动物

除此之外，长焦镜头还可以补充一些景别画面，比如用来航拍特写镜头，让画面层次更丰富。在拍摄竞速场景时，使用长焦镜头反向运镜，可以让画面具有速度感。

13.2 实战拍摄：使用长焦镜头进行航拍

大疆御 3 Pro 的多段变焦功能可以让创作者更加自由地发挥，有效地提升拍摄效率。本节为大家介绍如何使用长焦镜头进行航拍。

13.2.1 使用 3 倍变焦拍摄照片

长焦航拍可以在远离地面的位置捕捉特定目标，适合拍摄无法靠近或不宜靠近的场景，如野生动物、事故现场、敏感区域等，长焦为航拍提供了更多的便利，使用 3 倍变焦拍摄的照片效果如图 13-8 所示。

图 13-8　使用 3 倍变焦拍摄的照片效果

下面介绍具体的操作方法：

步骤 01　在相机界面中的"单拍"拍照模式中，点击对焦条上的 3 按钮，如图 13-9 所示。

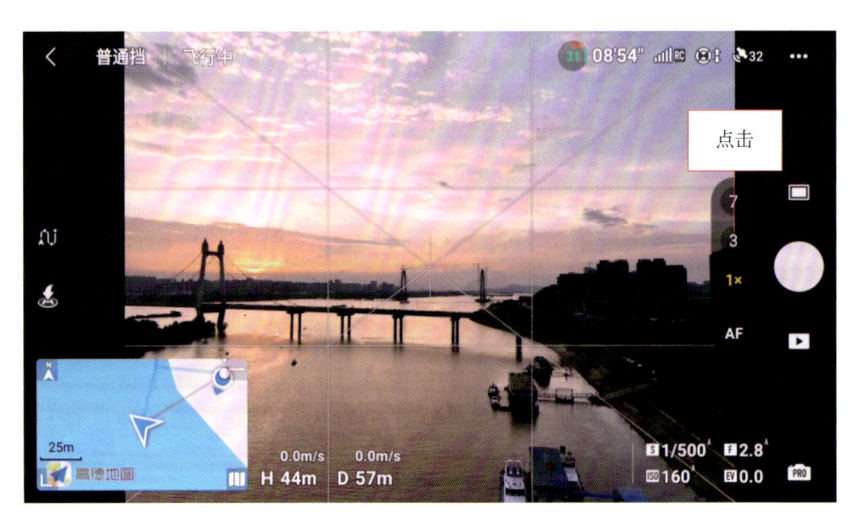

图 13-9　点击 3 按钮

第 13 章　长焦航拍：创造出独特的画面效果

步骤 02 开启 3 倍中长焦相机，调整俯仰角度和旋转角度，进行构图，点击拍摄按钮 ◯，如图 13-10 所示，使用 3 倍变焦拍摄照片。

图 13-10　点击拍摄按钮

13.2.2　使用 7 倍变焦拍摄照片

长焦镜头可以减少画面中不必要的元素，让主体更加突出。尤其是在复杂的环境中，相较于 3 倍变焦而言，7 倍变焦可以拍摄更多的细节，但是画质也会降低。使用 7 倍变焦拍摄的照片效果如图 13-11 所示。

图 13-11　使用 7 倍变焦拍摄的照片效果

下面介绍具体的操作方法：

步骤 01 在相机界面中的"单拍"拍照模式中，点击对焦条上的 7 按钮，如图 13-12 所示。

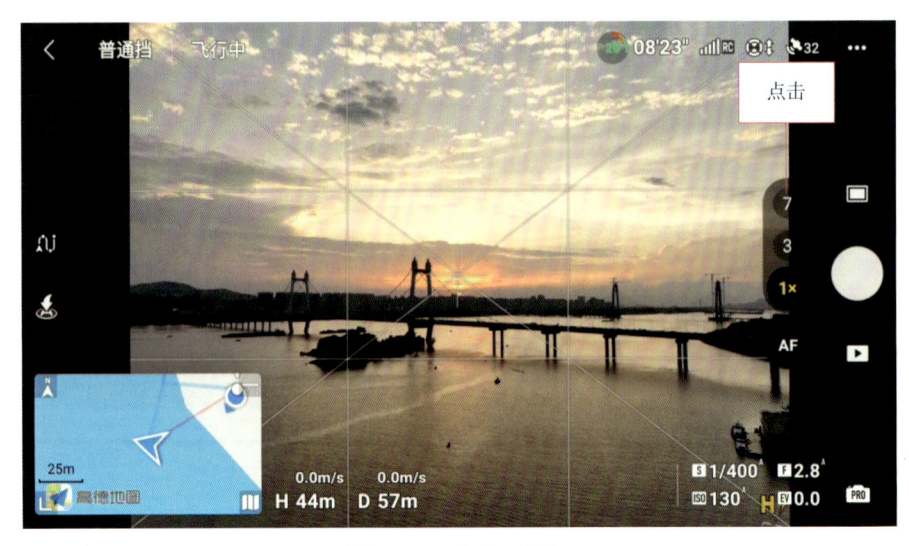

图 13-12　点击 7 按钮

步骤 02 开启 7 倍长焦相机，调整俯仰角度和旋转角度，进行构图，点击拍摄按钮 ◯，如图 13-13 所示，使用 7 倍变焦拍摄照片。

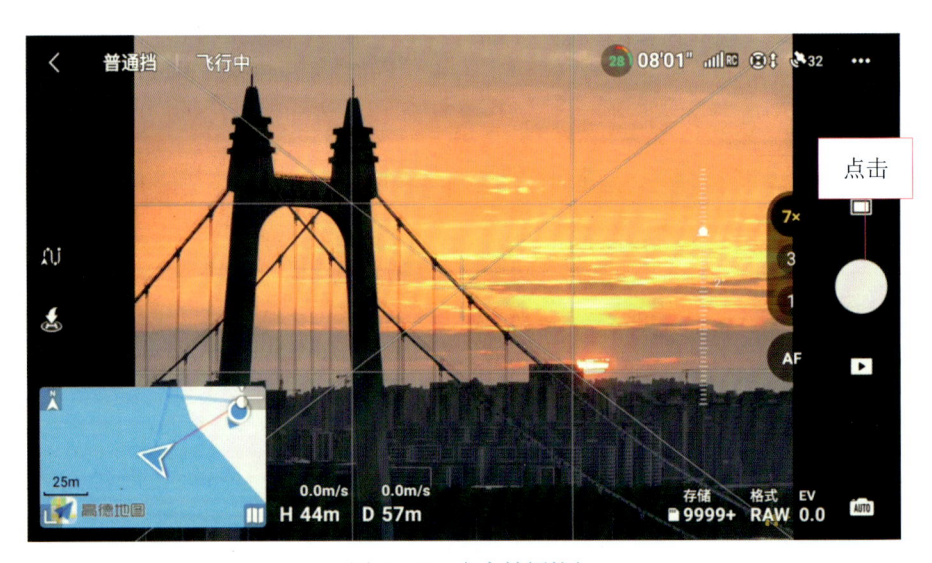

图 13-13　点击拍摄按钮

13.2.3　使用 28 倍变焦拍摄照片

在城市或居民区航拍时，因为长焦镜头可以在远距离之外聚焦特定目标，因此不能飞得过低或过于接近私人空间，这样会侵犯他人隐私。28 倍是最大的焦段，但是画质会变差，使用 28 倍变焦拍摄的照片效果如图 13-14 所示。

第 13 章　长焦航拍：创造出独特的画面效果

图 13-14　使用 28 倍变焦拍摄的照片效果

下面介绍具体的操作方法：

步骤 01 在 DJI Fly App 的相机界面中，点击拍摄模式按钮 ▣ ，如图 13-15 所示。

图 13-15　点击拍摄模式按钮

步骤 02 在弹出的面板中，默认选择"拍照"选项，❶ 选择"探索"拍摄模式；❷ 点击拍

165

摄画面，如图 13-16 所示，消除弹出的提示。

步骤 03 用双指放大屏幕，放大到最大，即可实现 28 倍混合变焦，再调整俯仰角度和旋转角度，对道路进行构图，点击拍摄按钮 ◯，如图 13-17 所示，使用 28 倍变焦拍摄照片。

图 13-16　点击拍摄画面

图 13-17　点击拍摄按钮

温馨提示

除了 3 倍和 7 倍，在探索模式下，可以实现任意焦段，如 9 倍、15 倍等。不过，28 倍是变焦的最大值，3 倍变焦画质最好。

13.2.4　使用 3 倍变焦拍摄视频

相较于使用长焦拍摄照片，使用长焦拍摄视频又能获得不一样的体验，这也是本节将要介绍的进阶玩法。不过，在使用长焦镜头拍摄视频的时候，无人机会进行运动，画面也是压缩过的，所以，无人机与主体之间、与障碍物之间的距离，不能根据画面判断，需要飞手在飞行的时候留意障碍物，避免炸机。

航拍长焦照片需要在拍照模式下进行，航拍长焦视频则需要在录像模式下操作，使用 3 倍变焦拍摄的视频效果如图 13-18 所示。

图 13-18　使用 3 倍变焦拍摄的视频效果

下面介绍具体的操作方法：

步骤01 在相机界面中点击 3 按钮，❶ 开启 3× 变焦；❷ 点击拍摄按钮 ⬤，如图 13-19 所示。

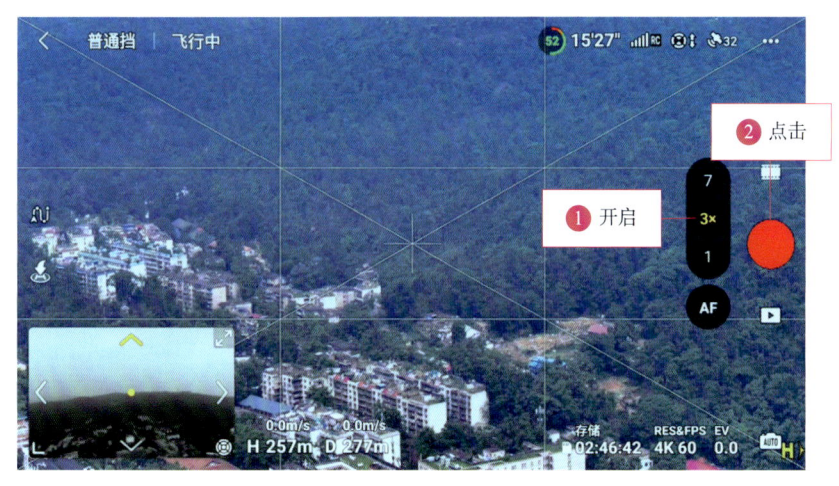

图 13-19　点击拍摄按钮（1）

步骤02 向右拨动遥控器上的云台俯仰拨轮，让相机镜头慢慢上抬，拍摄一段视频，点击拍摄按钮 ⬤，如图 13-20 所示，停止录像。

13.2.5　拍摄希区柯克变焦视频

希区柯克变焦（hitchcock zoom），也称为"眩晕效果"或"眩晕镜头"，是一种摄影技巧，其中无人机在变焦的同时移动（通常是向后移动），从而创造出一种独特的视觉效应。希区柯克变焦也被称为滑动变焦，是通过制作被拍摄主体与背景之间的距离改变，而主体本身大小不会改变的视觉效果，营造出一种空间扭曲感。在拍摄的时候，需要用到 3 倍变焦，视频效果如图 13-21 所示。

图 13-20　点击拍摄按钮（2）

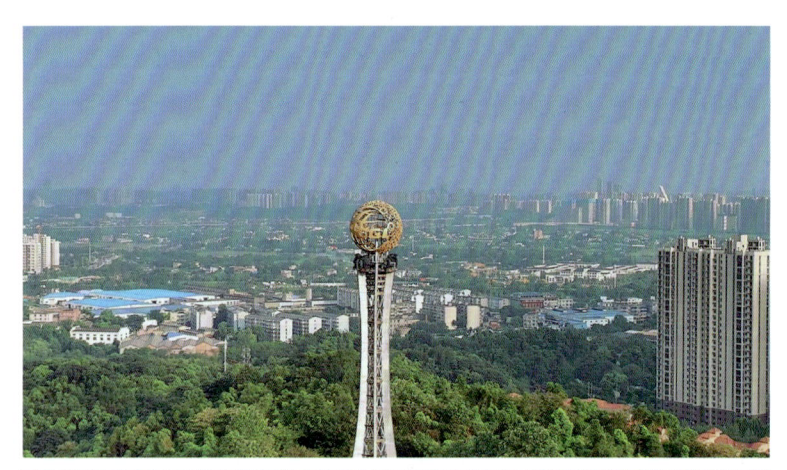

图 13-21　视频效果

下面介绍具体的操作方法：

步骤 01　在相机界面中，点击航点飞行按钮 ，如图 13-22 所示。

步骤 02　开启航点飞行，点击下拉按钮 ，如图 13-23 所示。

第 13 章 长焦航拍：创造出独特的画面效果

步骤 03 在弹出的面板中，点击 ➕ 按钮，如图 13-24 所示，添加航点 1。

图 13-22 点击航点飞行按钮

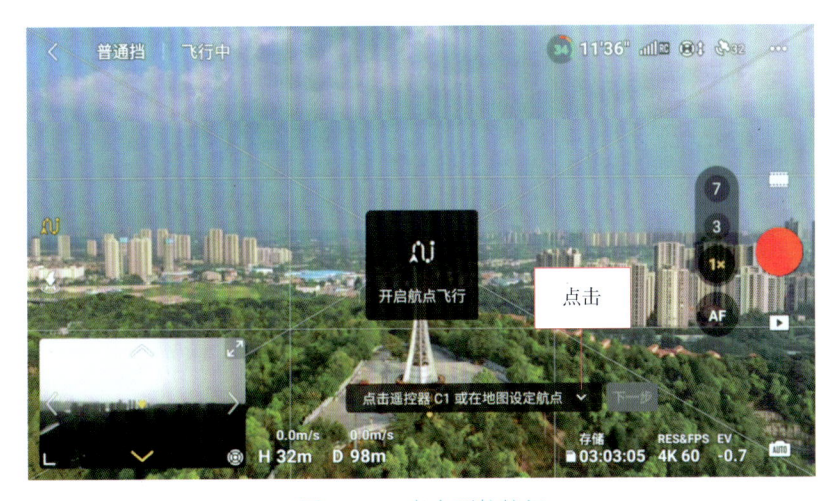

图 13-23 点击下拉按钮

图 13-24 点击相应按钮（1）

169

步骤 04 向上推动右侧的摇杆，让无人机前进飞行一段距离，点击 ■ 按钮，即可添加航点 2，如图 13-25 所示。

图 13-25　点击相应按钮（2）

步骤 05 点击航点 1，设置"相机动作"为"结束录像"选项，如图 13-26 所示。

图 13-26　设置"相机动作"为"结束录像"选项

步骤 06 ❶ 点击"变焦"按钮；❷ 拖动滑块，设置 3× 变焦；❸ 点击返回按钮 ◁，如图 13-27 所示。

步骤 07 点击航点 2，❶ 设置"相机动作"为"开始录像"选项；❷ 点击返回按钮 ◁，如图 13-28 所示。

步骤 08 点击更多按钮 ⋯，弹出相应的面板，❶ 设置"全局速度"为 3.6m/s；❷ 点击 GO 按钮，如图 13-29 所示。

第 13 章　长焦航拍：创造出独特的画面效果

> **温馨提示**
>
> 因为需要使用 3 倍变焦才能拍摄，所以，Mini 系列是不能拍摄希区柯克变焦视频。除了使用航点飞行模式智能拍摄希区柯克变焦视频，还可以手动推杆拍摄。向下推动右侧的摇杆，让无人机后退飞行，同时拨动相机控制拨轮，增加焦距。

图 13-27　点击返回按钮（1）

图 13-28　点击返回按钮（2）

飞手是怎样炼成的——从大疆无人机 Mini 4、Air 3 到御 3 系列的航拍笔记

图 13-29 点击 GO 按钮

步骤 09 无人机即可按照所设的航点飞行，在飞行的时候可以点击拍摄按钮 ，拍摄视频，如图 13-30 所示。

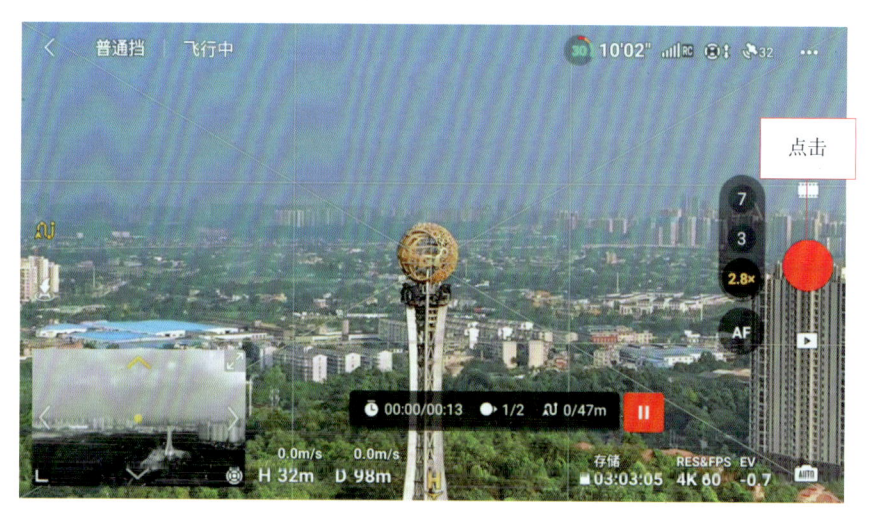

图 13-30 点击拍摄按钮

步骤 10 拍摄完成后，无人机即可返航，点击 按钮，如图 13-31 所示，可以取消返航。

> **温馨提示**
>
> 在飞行完成后，如果用户想要下次在同一地点继续拍摄希区柯克变焦视频，可以点击保存按钮 ，保存航线，下次再调出航点飞行轨迹，直接飞行即可。

第 13 章 长焦航拍：创造出独特的画面效果

图 13-31 点击相应按钮（3）

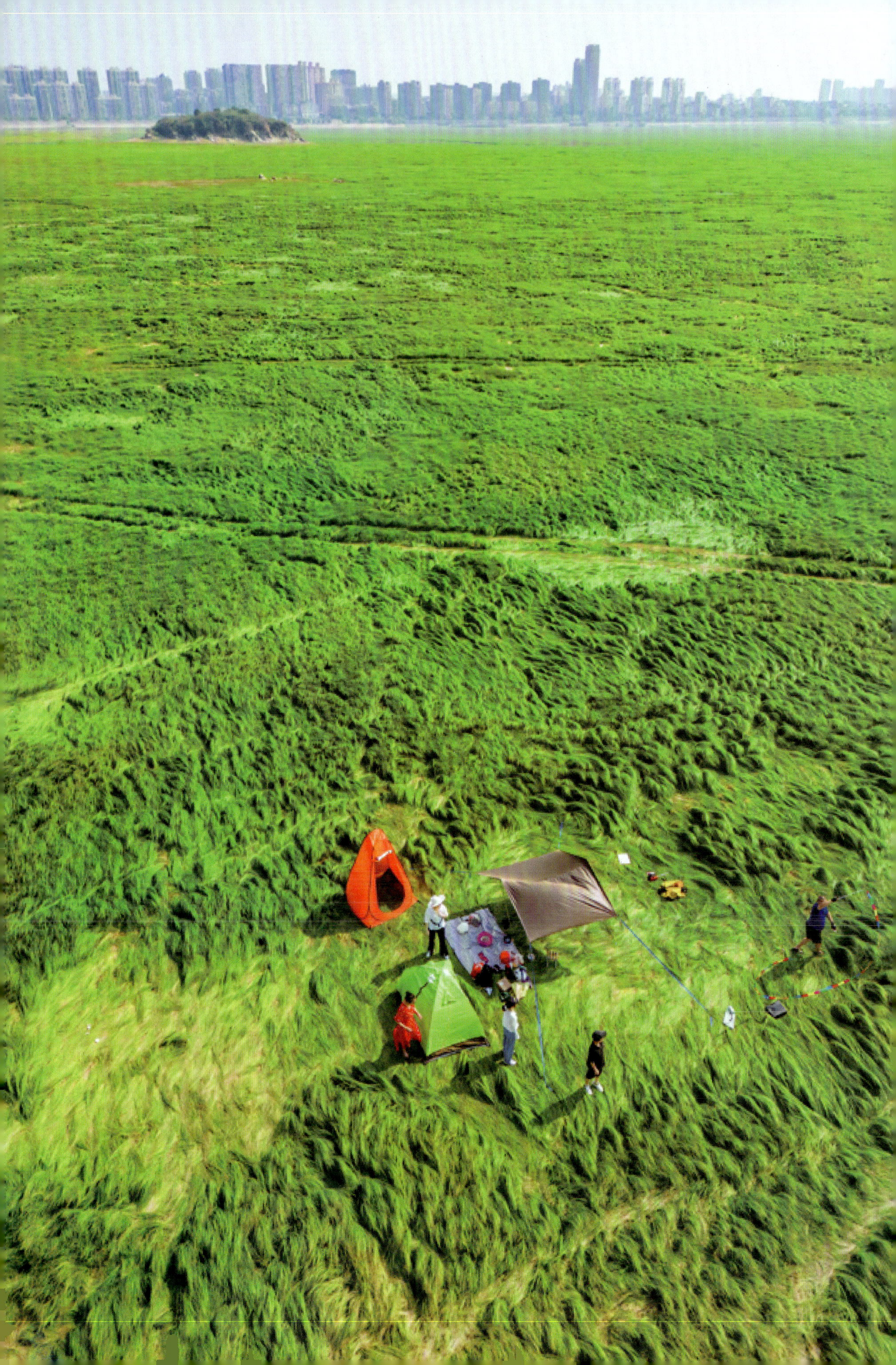

| 第 14 章 |

修图笔记：
使用手机醒图快速修图

醒图 App 是一款功能强大的后期修图 App，无论是编辑照片，还是添加滤镜和调色都十分方便。其中不仅有各种各样的滤镜，还可以添加文字和贴纸，为航拍照片的调色和美化增加了更多的奇趣体验。本章主要介绍如何在醒图 App 中对航拍照片进行基本调节和美化升级，让无人机航拍的照片更加惊艳。

14.1 基本调节：调整航拍照片的画面

醒图 App 中的调节功能非常强大，而且都是非常基础的功能，学会这些基本的调节操作，能让你的图片处理水平再上一个台阶。本节将为大家介绍如何在醒图 App 中对照片进行基本的调节。

14.1.1 改变航拍照片的比例

【效果对比】醒图中的构图功能可以对图片进行裁剪、旋转和矫正处理。下面为大家介绍如何对航拍照片进行构图处理，并改变画面的比例。比如，将横屏画面变成竖屏画面，去除多余的黑色背景，多保留主体，原图与效果对比如图 14-1 所示。

图 14-1 原图与效果对比

改变航拍照片比例的操作方法如下：

步骤01 打开手机应用商店 App，❶ 在搜索栏中输入并搜索"醒图"；❷ 在搜索结果中点击醒图右侧的"安装"按钮，如图 14-2 所示，下载醒图 App。

步骤02 稍等片刻，下载并安装醒图 App 成功之后，继续点击"打开"按钮，如图 14-3 所示。

步骤03 进入醒图 App 的"修图"界面，点击"导入图片"按钮，如图 14-4 所示。

步骤04 在"全部照片"选项卡中选择一张照片，如图 14-5 所示。

步骤05 进入醒图编辑界面，❶ 切换至"调节"选项卡；❷ 选择"构图"选项，如图 14-6 所示。

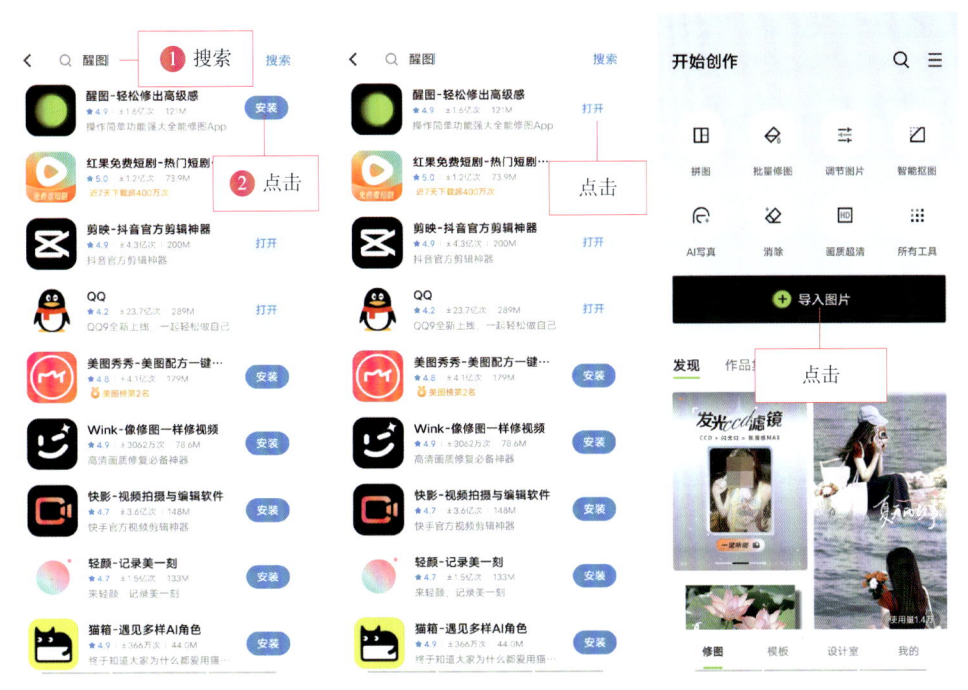

第 14 章 修图笔记：使用手机醒图快速修图

图 14-2 点击"安装"按钮　　图 14-3 点击"打开"按钮　　图 14-4 点击"导入图片"按钮

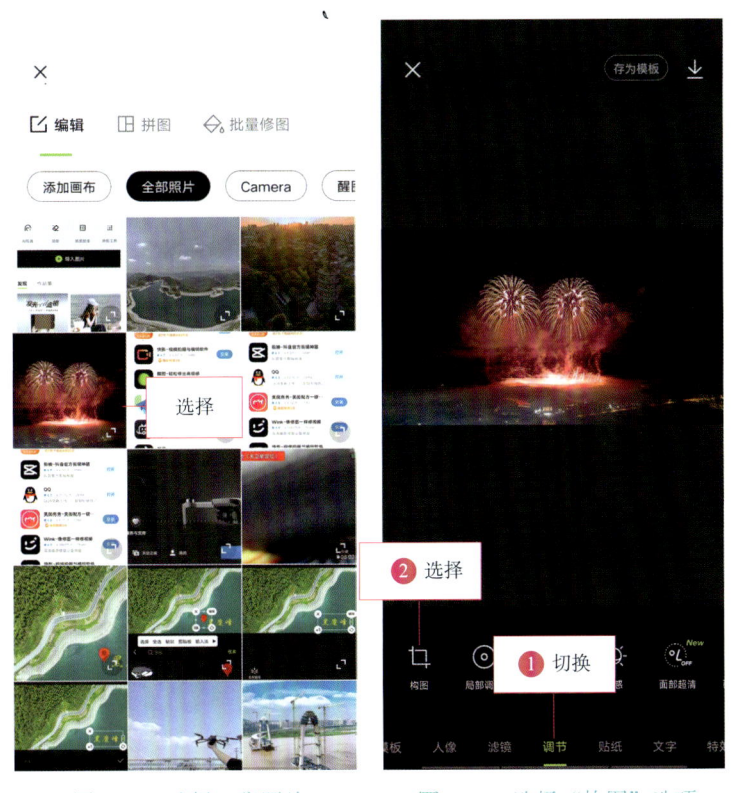

图 14-5 选择一张照片　　图 14-6 选择"构图"选项

步骤 06 ❶ 选择 2∶3 选项，更改比例样式；❷ 调整图片的位置，确定构图之后；❸ 点击 ✓ 按钮，如图 14-7 所示。

步骤 07 预览效果，照片最终变成竖屏样式，裁剪了不需要的画面，主体更加突出，之后点击保存按钮 ⬇，如图 14-8 所示，保存照片至相册中。

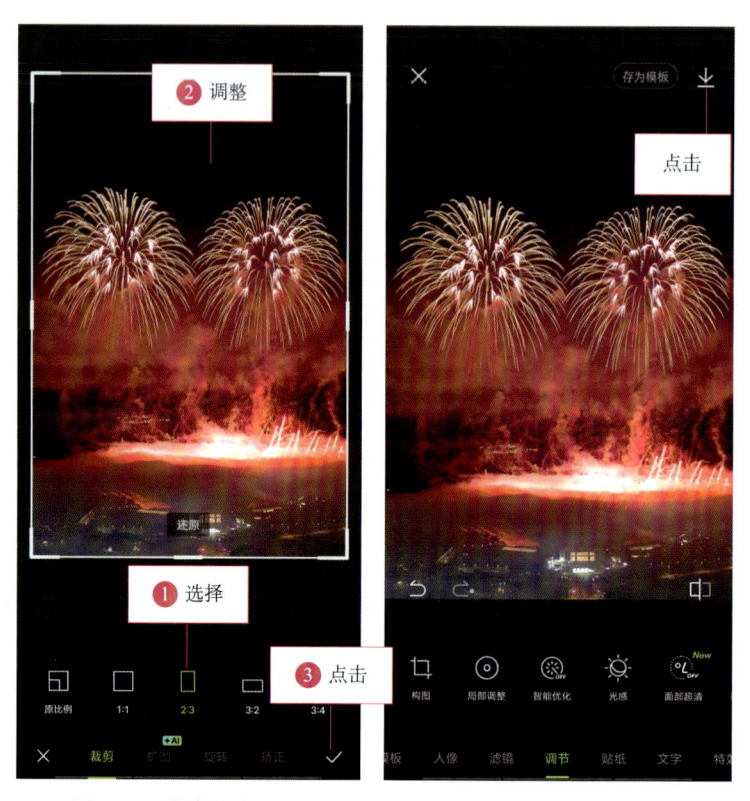

图 14-7　点击相应按钮　　　　图 14-8　点击保存按钮

14.1.2　调整航拍照片的曝光

【效果对比】在逆光航拍的时候，由于背光的原因，画面中的主体可能会很暗，这时可以调整曝光，提亮画面，原图与效果对比如图 14-9 所示。

图 14-9　原图与效果对比

第 14 章 修图笔记：使用手机醒图快速修图

调整航拍照片曝光的操作方法如下：

步骤 01 在醒图 App 中导入照片素材，点击"调节"按钮，如图 14-10 所示，切换至"调节"选项卡。

步骤 02 ❶ 选择"光感"选项；❷ 设置参数为 14，让画面变亮一些，如图 14-11 所示。

步骤 03 ❶ 选择"亮度"选项；❷ 设置参数为 16，继续提亮画面，如图 14-12 所示。

步骤 04 ❶ 选择"曝光"选项；❷ 设置参数为 22，继续增加曝光，让画面不再那么暗，如图 14-13 所示。

步骤 05 ❶ 选择"高光"选项；❷ 设置参数为 27，增强亮部区域的亮度，优化画面，如图 14-14 所示。

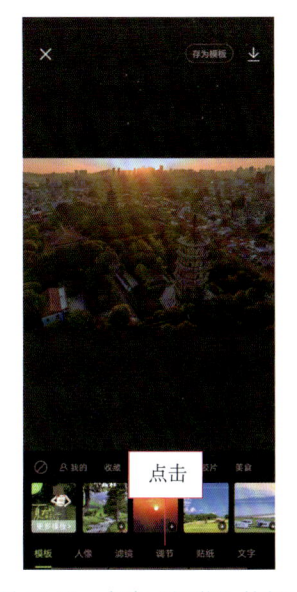

图 14-10 点击"调节"按钮　　图 14-11 设置参数为 14　　图 14-12 设置参数为 16

图 14-13 设置参数为 22　　图 14-14 设置参数为 27

14.1.3 校正航拍照片的色彩

【效果对比】有时候航拍出来的照片色彩不是很好，这时可以在醒图 App 中还原肉眼看到的美景，获得一张心仪的照片，原图与效果对比如图 14-15 所示。

图 14-15 原图与效果对比

校正航拍照片色彩的操作方法如下：

步骤 01 在醒图 App 中导入照片素材，❶ 切换至"调节"选项卡；❷ 选择"光感"选项；❸ 设置参数为 56，提亮画面，如图 14-16 所示。

步骤 02 ❶ 选择"饱和度"选项；❷ 设置参数为 61，让色彩变鲜艳一些，如图 14-17 所示。

步骤 03 ❶ 选择"自然饱和度"选项；❷ 设置参数为 41，继续优化色彩，如图 14-18 所示。

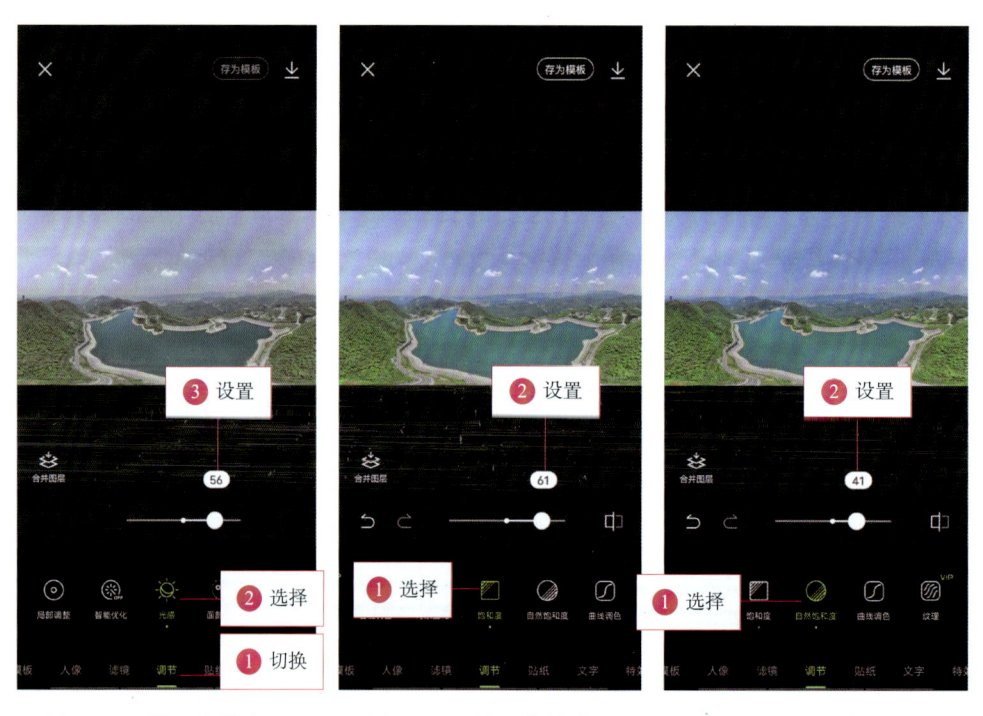

图 14-16 设置参数为 56　　图 14-17 设置参数为 61　　图 14-18 设置参数为 41

步骤 04 选择 HSL 选项，如图 14-19 所示。

步骤 05 ❶ 选择蓝色选项 ◯；❷ 设置"色相"参数为 –38、"饱和度"参数为 29、"明度"参数为 26，调整画面中的蓝色，使其变成青蓝色，如图 14-20 所示。

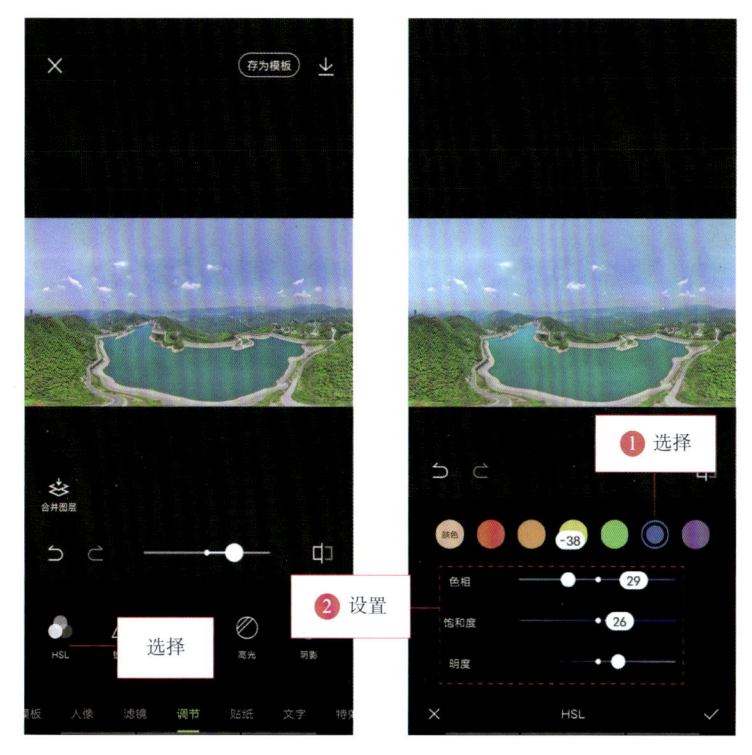

第 14 章　修图笔记：使用手机醒图快速修图

图 14-19　选择 HSL 选项　　　　图 14-20　设置相应的参数

14.1.4　智能优化航拍照片

【效果对比】醒图 App 里的智能优化功能可以一键处理照片，优化原图色彩和明度，让照片画面更加靓丽，原图与效果对比如图 14-21 所示。

图 14-21　原图与效果对比

智能优化航拍照片的操作方法如下：

步骤 01　在醒图 App 中导入照片素材，❶ 切换至"调节"选项卡；❷ 选择"智能优化"选项，优化照片画面，如图 14-22 所示。

步骤 02　❶ 选择"光感"选项；❷ 设置参数为 32，增加曝光，提亮画面，如图 14-23 所示。

步骤 03　❶ 选择"色温"选项；❷ 设置参数为 49，让画面中的颜色偏暖色调，如图 14-24 所示。

步骤 04　❶ 选择"对比度"选项；❷ 设置参数为 29，增加画面的明暗对比度，如图 14-25

所示。

步骤 05 ❶ 选择"自然饱和度"选项；❷ 设置参数为 100，让画面色彩更浓郁，如图 14-26 所示。

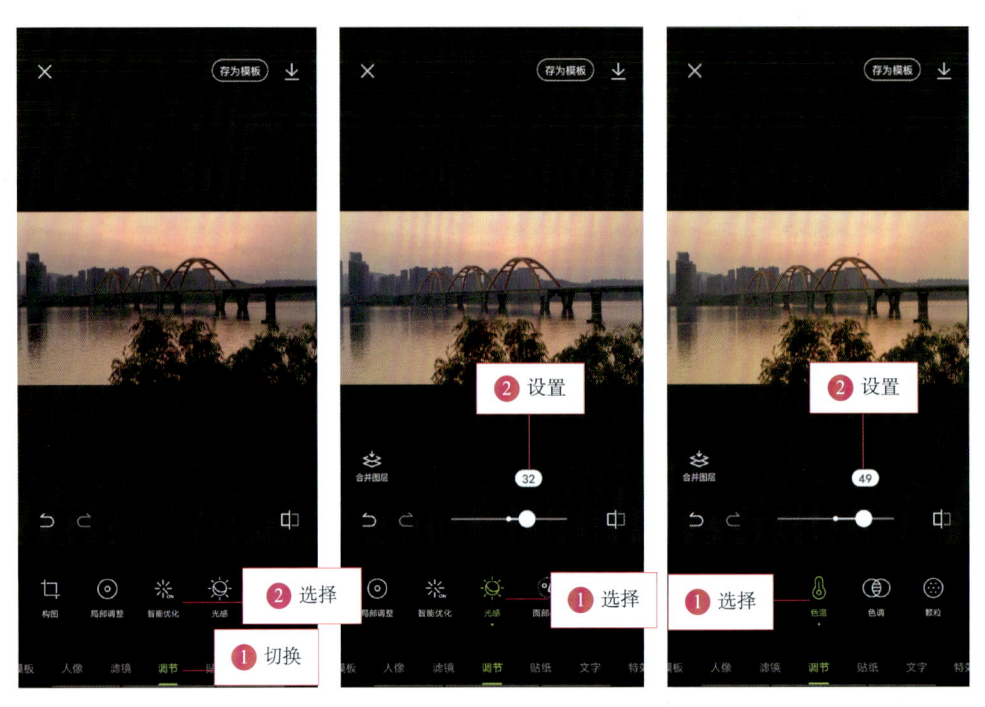

图 14-22　选择"智能优化"选项　　图 14-23　设置参数为 32　　图 14-24　设置参数为 49

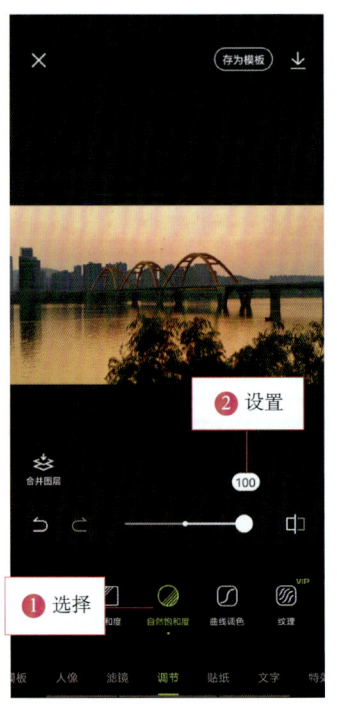

图 14-25　设置参数为 29　　图 14-26　设置参数为 100

14.1.5　去除照片中的瑕疵

【效果对比】消除笔可以去除画面中不需要的部分，也就是去除瑕疵，运用画笔涂抹的方式，操作步骤十分简单。下面介绍如何用消除笔去掉画面中的路人，原图与效果对比如图 14-27 所示。

图 14-27　原图与效果对比

去除照片中瑕疵的操作方法如下：

步骤 01　在醒图 App 中导入照片素材，❶ 切换至"人像"选项卡；❷ 选择"消除"选项，如图 14-28 所示。

步骤 02　拖动滑块，设置"画笔大小"参数为 4，如图 14-29 所示。

图 14-28　选择"消除"选项　　图 14-29　设置"画笔大小"参数为 4

步骤 03 双指捏合画面，放大图片，涂抹画面中的路人，如图 14-30 所示。

步骤 04 稍等片刻，即可去除路人，如图 14-31 所示，如果去除得不成功，可以点击 ⤺ 按钮，撤回操作，然后再次涂抹画面。

图 14-30　涂抹画面中的路人　　　　图 14-31　去除路人

14.1.6　局部调整航拍照片

【效果对比】通过局部调整能够提高局部的亮度，也可以降低局部的亮度。下面主要是把天空部分提亮，让天空的色彩更美丽，原图与效果对比如图 14-32 所示。

图 14-32　原图与效果对比

局部调整航拍照片的操作方法如下：

步骤 01 在醒图 App 中导入照片素材，❶ 切换至"调节"选项卡；❷ 选择"局部调整"选项，如图 14-33 所示。

步骤 02 点击画面上方天空的位置，添加一个点，如图 14-34 所示。

步骤 03 向右拖动滑块，设置"亮度"参数为 100，提亮天空的亮度，如图 14-35 所示。

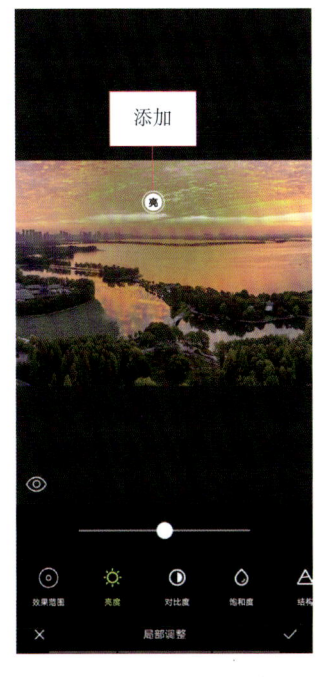

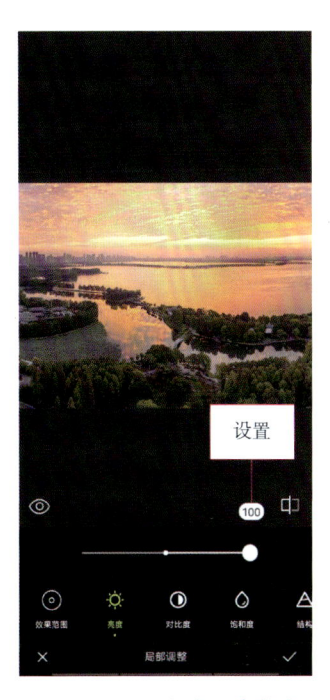

图 14-33　选择"局部调整"选项　　图 14-34　添加一个点　　图 14-35　设置"亮度"参数为 100

步骤 04 ❶ 选择"对比度"选项；❷ 设置参数为 31，增加局部画面的明暗对比度，如图 14-36 所示。

步骤 05 ❶ 选择"饱和度"选项；❷ 设置参数为 100，让局部画面的色彩更鲜艳，如图 14-37 所示。

14.2　美化升级：赋予照片独特的魅力

醒图 App 有滤镜功能，可以一键调色；可以添加文字和贴纸，让画面更显风度；还有拼图功能，可以把多张图片拼接在一起；可以套用模板，快速出图；AI 玩法功能还可以实现天马行空的图片效果，本节为大家介绍这些美化升级图片的操作。

14.2.1　添加滤镜美化照片

【效果对比】为了让照片更有质感，通过在醒图 App 中添加相应的滤镜，即可让航拍的风光照片更加靓丽，原图与效果对比如图 14-38 所示。

图 14-36　设置参数为 31　　　　　图 14-37　设置参数为 100

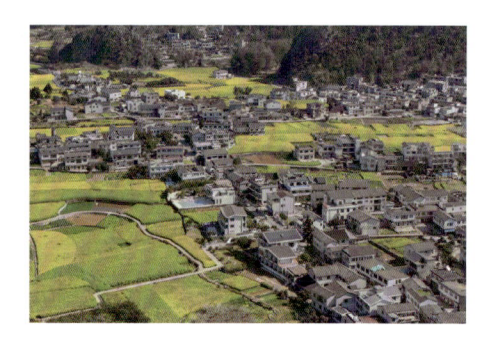

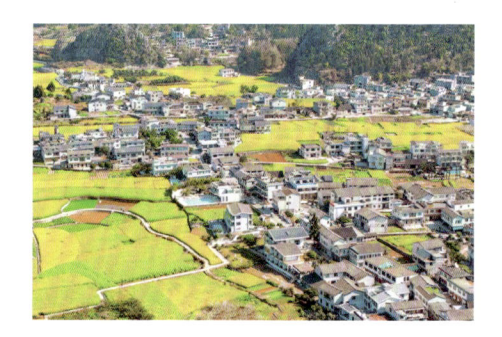

图 14-38　原图与效果对比

添加滤镜美化照片的操作方法如下：

步骤01 在醒图 App 中导入照片素材，❶ 切换至"滤镜"选项卡；❷ 在"清新"选项卡中选择"冰夏"滤镜，进行初步调色，如图 14-39 所示。

步骤02 ❶ 切换至"调节"选项卡；❷ 选择"智能优化"选项，优化照片画面，如图 14-40 所示。

步骤03 ❶ 选择"自然饱和度"选项；❷ 设置参数为 100，让画面的色彩变得鲜艳一些，如图 14-41 所示。

步骤04 ❶ 选择"色温"选项；❷ 设置参数为 47，让画面偏暖色调，如图 14-42 所示。

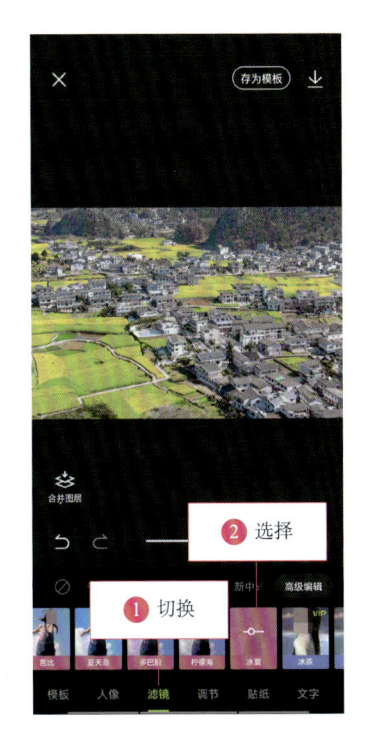

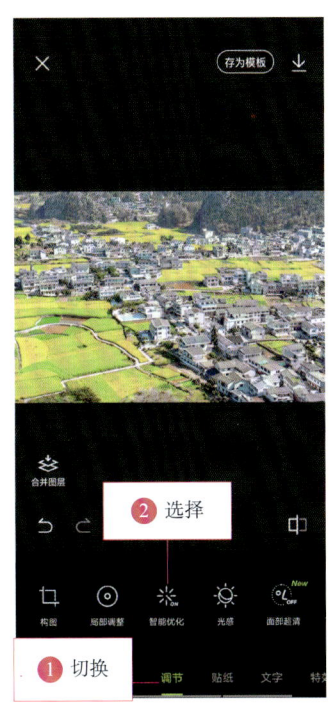

图 14-39　选择"冰夏"滤镜　　图 14-40　选择"智能优化"选项

图 14-41　设置参数为 100　　图 14-42　设置参数为 47

14.2.2 为照片添加文字和贴纸

【效果对比】醒图 App 里的文字和贴纸样式非常丰富，用户可以通过搜索关键词添加贴纸。添加文字和贴纸可以点明主题并增加趣味性，原图与效果对比如图 14-43 所示。

图 14-43　原图与效果对比

为照片添加文字和贴纸的操作方法如下：

步骤 01 在醒图 App 中导入照片，点击"文字"按钮，如图 14-44 所示，切换至"文字"选项卡。

步骤 02 弹出相应的面板，❶ 输入文字内容；❷ 在"字体"|"热门"选项卡中选择合适的字体，如图 14-45 所示。

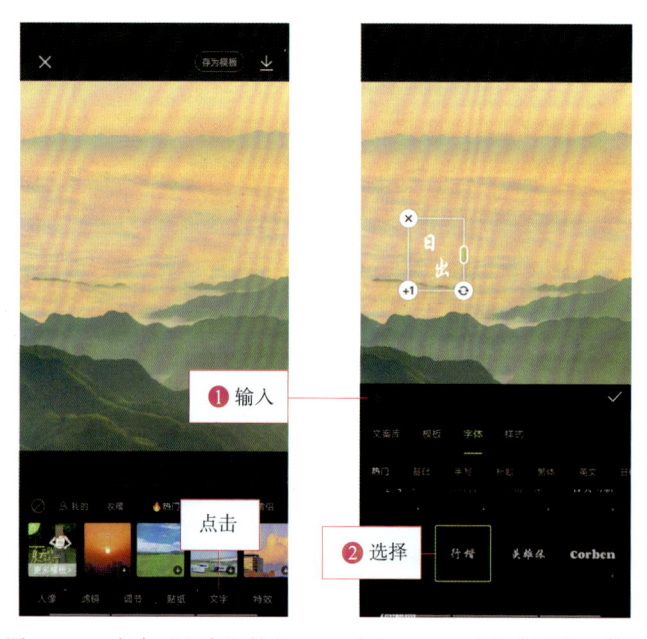

图 14-44　点击"文字"按钮　　图 14-45　选择合适的字体

第 14 章　修图笔记：使用手机醒图快速修图

步骤 03　❶ 切换至"样式"|"阴影"选项卡；❷ 选择黑色色块；❸ 设置"透明度"参数为 84；❹ 调整文字的大小和位置；❺ 点击 ✓ 按钮，如图 14-46 所示。

步骤 04　点击"贴纸"按钮，如图 14-47 所示，切换至"贴纸"选项卡。

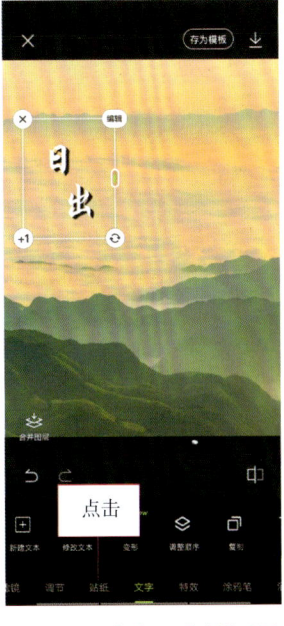

图 14-46　点击相应按钮　　图 14-47　点击"贴纸"按钮

步骤 05　❶ 在搜索栏中输入并搜索"日出"；❷ 在搜索结果中选择贴纸；❸ 调整贴纸的大小和位置，如图 14-48 所示。

步骤 06　用与上面相同的操作方法，添加一款"鸟群"贴纸，如图 14-49 所示。

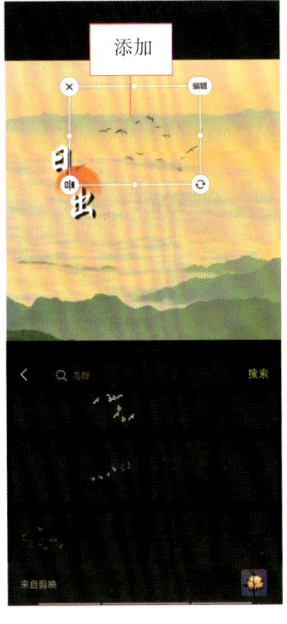

图 14-48　调整贴纸的大小和位置　　图 14-49　添加一款"鸟群"贴纸

14.2.3 拼接多张航拍照片

【效果对比】在醒图 App 中通过导入图片就能实现多图拼接，制作高级感拼图，让多张照片可以同时出现在一个画面中，原图与效果对比如图 14-50 所示。

图 14-50　原图与效果对比

拼接多张航拍照片的操作方法如下：

步骤 01 打开醒图 App，在"修图"界面中点击"拼图"按钮，如图 14-51 所示。

步骤 02 ❶依次选择相册里的 3 张航拍照片；❷点击"完成"按钮，如图 14-52 所示。

图 14-51　点击"拼图"按钮　　图 14-52　点击"完成"按钮

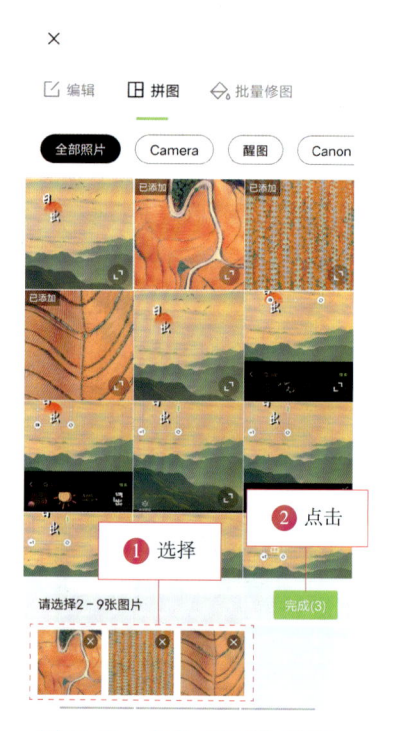

第 14 章 修图笔记：使用手机醒图快速修图

步骤 03 在"拼图"选项卡选择 2∶3 选项，如图 14-53 所示。

步骤 04 ❶ 选择一个样式；❷ 调整图片的位置和画面；❸ 点击保存按钮 ⬇，如图 14-54 所示，下载并保存拼图照片。

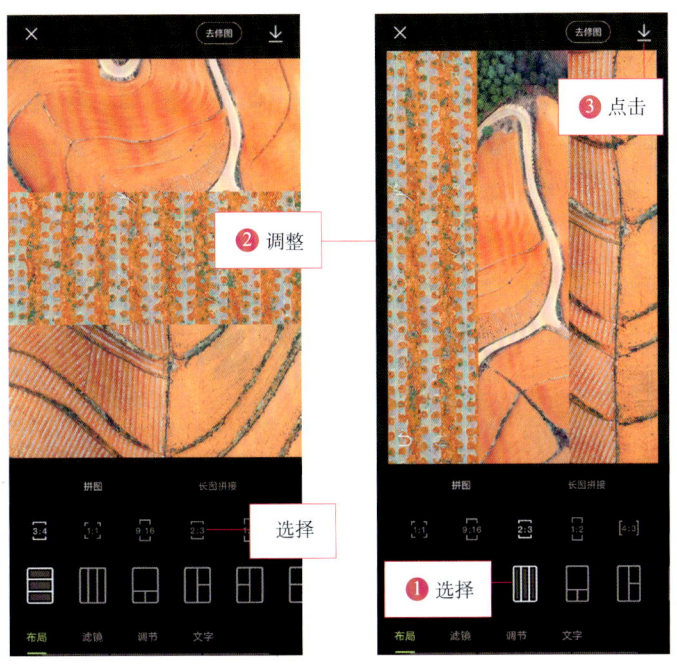

图 14-53 选择 2∶3 选项　　　　图 14-54 点击保存按钮

14.2.4 套模板快速成片

【效果对比】醒图 App 中有很多模板，一键就能套用，出图很快，在醒图 App 中套用模板的方法也很多，原图与效果对比如图 14-55 所示。

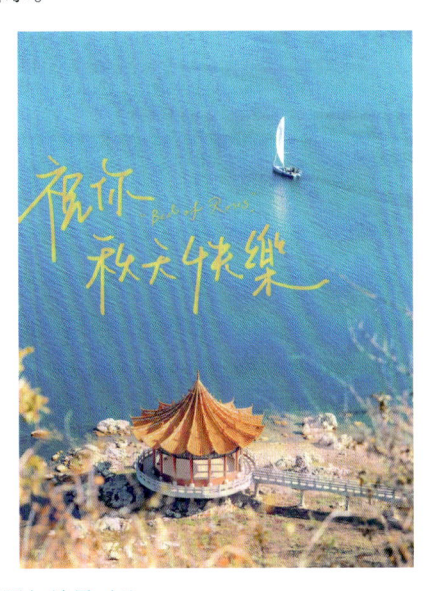

图 14-55 原图与效果对比

套模板快速成片的操作方法如下：

步骤 01 在"修图"界面中点击搜索按钮 🔍，如图 14-56 所示。

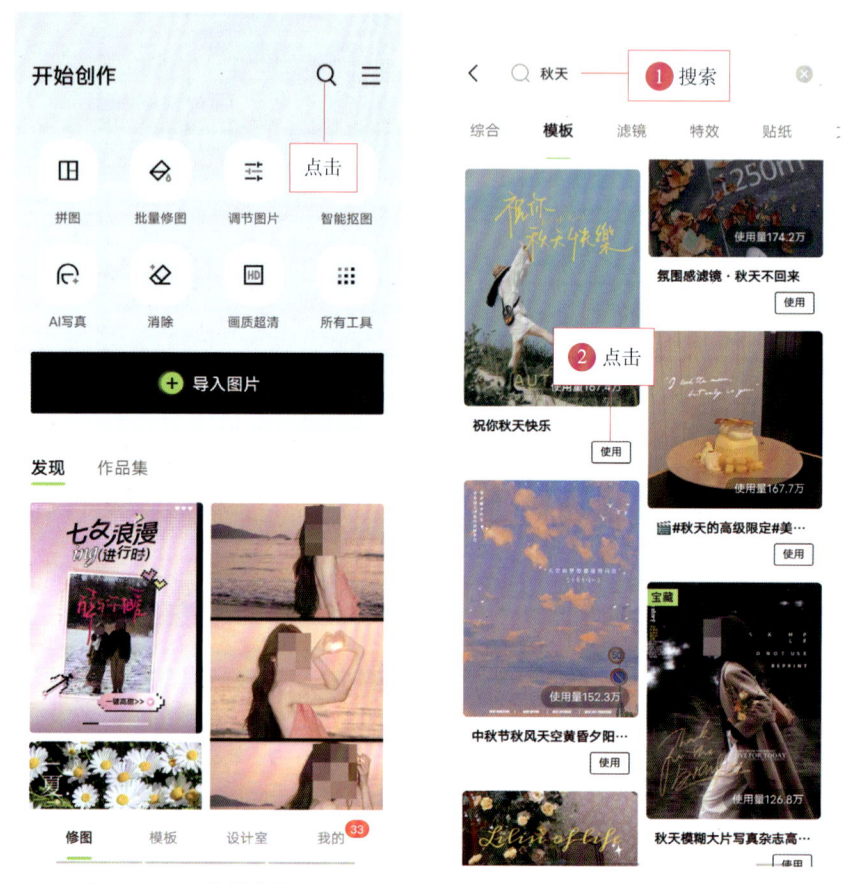

步骤 02 ❶ 在搜索栏中输入并搜索"秋天"；❷ 在"模板"选项卡中点击所选模板下方的"使用"按钮，如图 14-57 所示。

图 14-56　点击搜索按钮　　　　图 14-57　点击"使用"按钮

步骤 03 在"全部照片"界面中选择照片，如图 14-58 所示。

步骤 04 ❶ 调整上半部分文字的位置；❷ 选择并点击下半部分文字的 ✕ 按钮，删除文字；❸ 点击保存按钮 ⬇️，如图 14-59 所示，下载并保存照片。

14.2.5　使用 AI 功能美化图片

【效果对比】AI 绘画是现在很流行的一种玩法，能让你的照片变得截然不同，又充满想象的空间。比如 AI 扩图，让 AI 自动填充画面，进行换天和换背景，让航拍画面变成另一个样子，原图与效果对比如图 14-60 所示。

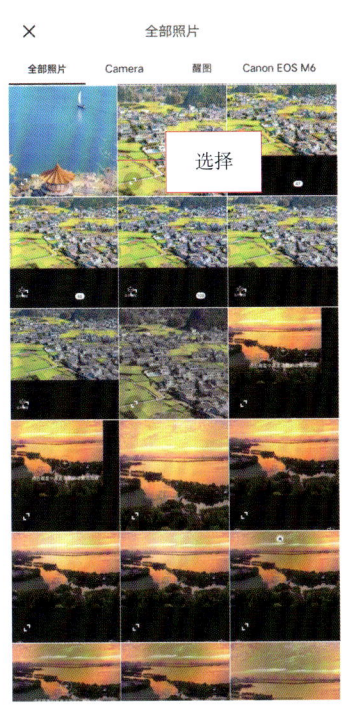

第 14 章 修图笔记：使用手机醒图快速修图

图 14-58 选择照片　　图 14-59 点击保存按钮

图 14-60 原图与效果对比

使用 AI 功能美化图片的操作方法如下：

步骤 01 打开醒图 App，在"修图"界面中，点击"所有工具"按钮，如图 14-61 所示。

步骤 02 在"所有工具"面板中点击"AI 扩图"按钮，如图 14-62 所示。

步骤 03 在"全部照片"界面中选择照片，如图 14-63 所示。

步骤 04 在"AI 扩图"界面中默认选择 2× 等比扩图,点击"开始扩展"按钮,如图 14-64 所示。

图 14-61　点击"所有工具"按钮　　图 14-62　点击"AI 扩图"按钮

图 14-63　选择照片　　图 14-64　点击"开始扩展"按钮

步骤 05 弹出相应的进度提示,如图 14-65 所示,稍等片刻。

步骤 06 抠图成功，❶ 在"选择结果"面板中选择第 3 个选项；❷ 点击"应用"按钮，如图 14-66 所示。

步骤 07 点击保存按钮 ⤓，如图 14-67 所示。

步骤 08 即可下载并保存照片，如图 14-68 所示。

图 14-65　弹出相应的进度提示　　图 14-66　点击"应用"按钮

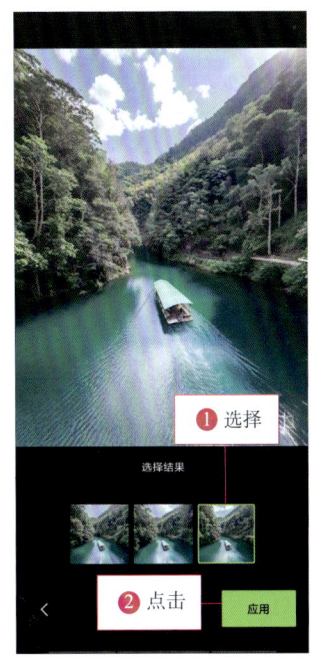

图 14-67　点击保存按钮　　图 14-68　下载并保存照片

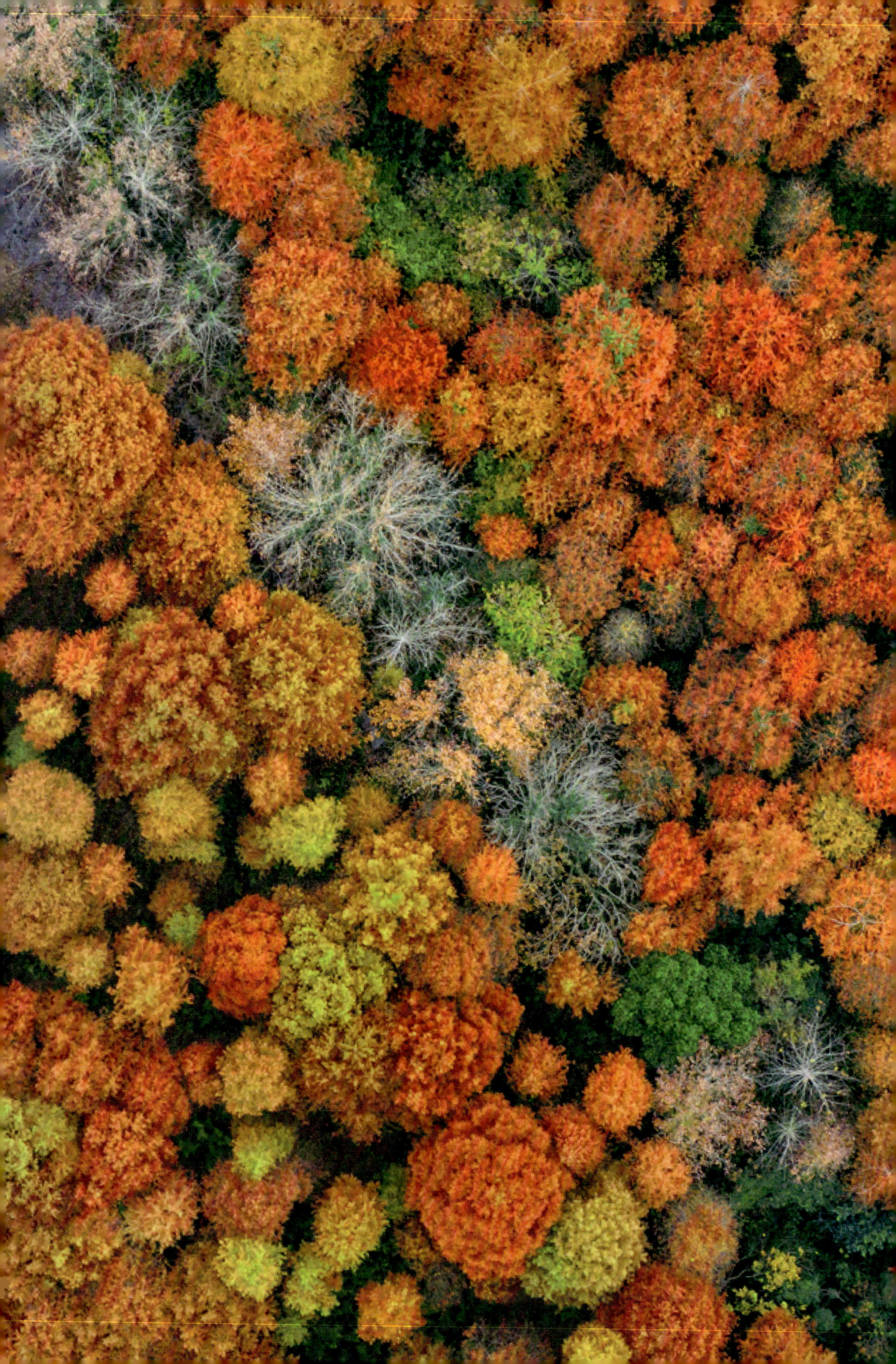

| 第 15 章 |

剪辑笔记：
使用剪映轻松剪出大片

剪映 App 是一款十分火热的视频剪辑软件，大部分的抖音用户都会用其进行剪辑操作。本章主要介绍如何在剪映 App 中使用 AI 功能制作视频，以及对单个作品和多个视频的剪辑处理，包含添加音乐、剪辑时长、添加文字等操作。学习这些剪辑技巧，让大家在学会无人机航拍之后，能够快速制作成品视频并分享出来。

15.1 AI 功能：在剪映中快速智能成片

本节主要介绍如何使用剪映中的 AI 功能快速智能成片，在操作的时候，用户只需要准备好素材即可，之后就能快速出片。

15.1.1 使用剪同款功能制作视频

【效果展示】剪同款功能允许用户利用预先设计好的视频模板，通过替换或添加自己的素材，快速生成视频作品，效果如图 15-1 所示。

图 15-1 效果展示

使用剪同款功能制作视频的操作方法如下：

步骤 01 打开手机应用商店 App，❶ 在搜索栏中输入并搜索"剪映"；❷ 在搜索结果中点击剪映右侧的"安装"按钮，如图 15-2 所示，下载剪映 App。

步骤 02 稍等片刻，下载安装成功之后，点击"打开"按钮，如图 15-3 所示，打开剪映 App。

图 15-2 点击"安装"按钮　　图 15-3 点击"打开"按钮

第 15 章　剪辑笔记：使用剪映轻松剪出大片

步骤 03　❶ 点击"剪同款"按钮，进入"剪同款"界面；❷ 在界面中点击上方的搜索栏，如图 15-4 所示。

步骤 04　❶ 输入并搜索"航拍"；❷ 在搜索结果中选择相应的模板，如图 15-5 所示。

步骤 05　进入相应的界面，点击右下角的"剪同款"按钮，如图 15-6 所示。

步骤 06　❶ 在"视频"选项卡中依次选择 4 段航拍视频；❷ 点击"下一步"按钮，如图 15-7 所示。

图 15-4　点击上方的搜索栏　　图 15-5　选择相应的模板

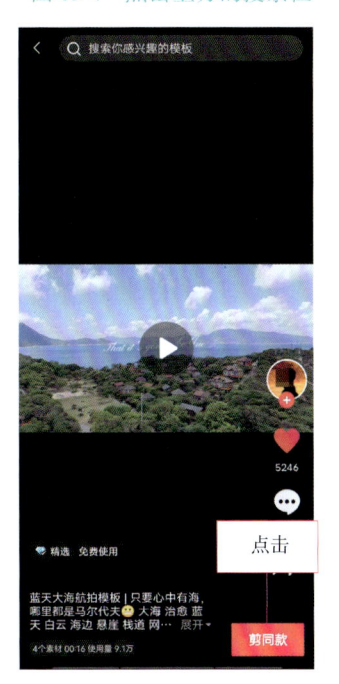

图 15-6　点击"剪同款"按钮　　图 15-7　点击"下一步"按钮

199

步骤 07 预览效果，确定效果后，点击"导出"按钮，如图 15-8 所示。

步骤 08 弹出"导出设置"面板，❶ 设置分辨率参数为 1080p；❷ 点击 📄 按钮，如图 15-9 所示，把视频导出至本地相册中。

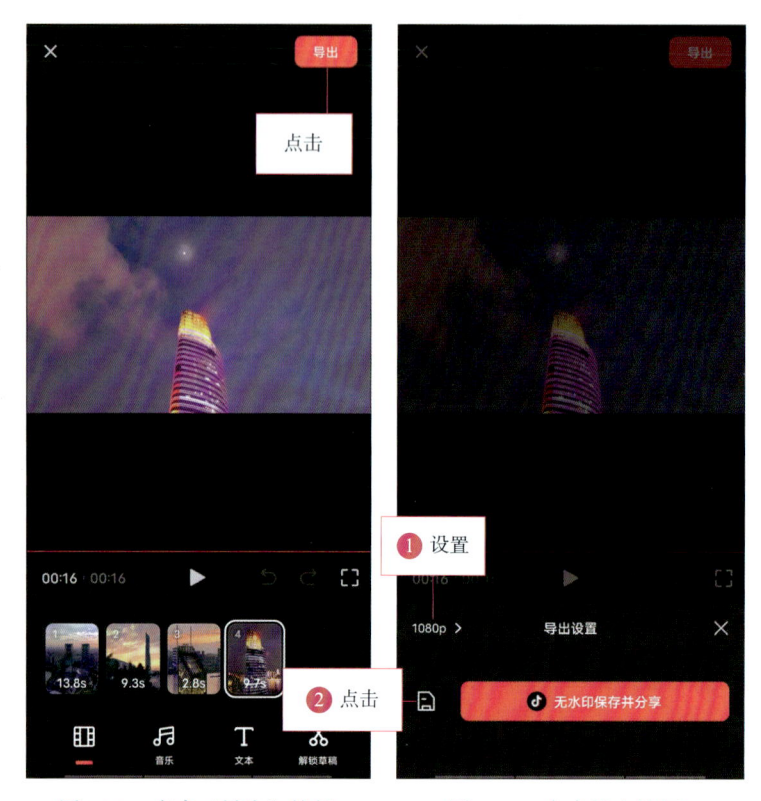

图 15-8　点击"导出"按钮　　　　图 15-9　点击相应按钮

15.1.2　使用套模板功能制作视频

【效果展示】在套模板一键生成视频时，需要注意素材的类型，是视频还是图片，以及素材的个数，用户还可以搜索模板套用，效果如图 15-10 所示。

图 15-10　效果展示

使用套模板功能制作视频的操作方法如下：

步骤 01 打开剪映 App，在"剪辑"界面中点击"开始创作"按钮，如图 15-11 所示。

步骤 02 进入"照片视频"界面，❶ 在"视频"选项卡中选择一段视频；❷ 点击"添加"

按钮，如图 15-12 所示。

步骤 03 在一级工具栏中点击"模板"按钮，如图 15-13 所示。

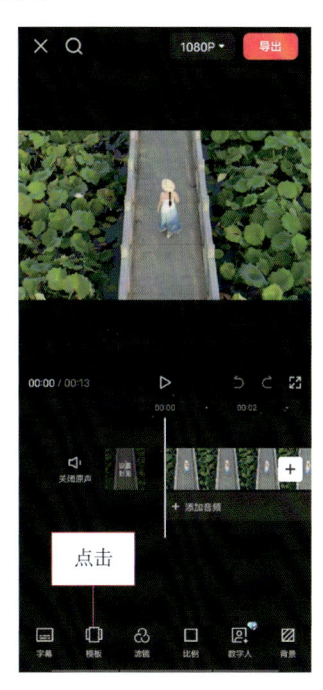

图 15-11　点击"开始创作"按钮　　图 15-12　点击"添加"按钮　　图 15-13　点击"模板"按钮

步骤 04 弹出相应的面板，点击搜索栏，❶ 输入并搜索"古风"；❷ 在搜索结果中选择一款模板，如图 15-14 所示。

步骤 05 进入相应的界面，点击"去使用"按钮，如图 15-15 所示。

图 15-14　选择一款模板　　图 15-15　点击"去使用"按钮

步骤 06 进入"照片视频"界面，❶ 在"视频"选项卡中依次选择 6 段视频；❷ 点击"下一步"按钮，如图 15-16 所示。

步骤 07 预览视频效果，确定效果之后，❶ 选择原始视频素材；❷ 点击"删除"按钮，如图 15-17 所示，删除多余的素材，再点击"导出"按钮，导出成品视频。

图 15-16 点击"下一步"按钮　　　图 15-17 点击"删除"按钮

15.1.3 使用一键成片功能制作视频

【效果展示】在剪映中可以使用一键成片功能快速制作视频，需要注意的是，即使是相同的素材，剪映每次生成的视频也会不一样，效果如图 15-18 所示。

图 15-18 效果展示

使用一键成片功能制作视频的操作方法如下：

步骤 01 打开剪映 App，进入"剪辑"界面，点击"一键成片"按钮，如图 15-19 所示。

步骤 02 进入"照片视频"界面，❶ 在"视频"选项卡中选择 2 段视频素材；❷ 点击搜索

第 15 章　剪辑笔记：使用剪映轻松剪出大片

栏，如图 15-20 所示。

步骤 03 ❶ 输入"大片"；❷ 点击"下一步"按钮，如图 15-21 所示。

图 15-19　点击"一键成片"按钮　　图 15-20　点击搜索栏　　图 15-21　点击"下一步"按钮

步骤 04 稍等片刻，即可生成一段视频，❶ 在"推荐"选项卡中选择模板，如果对效果满意；❷ 点击"导出"按钮，如图 15-22 所示。

步骤 05 弹出"导出设置"面板，❶ 设置分辨率参数为 1080p；❷ 点击 按钮，如图 15-23 所示，把视频导出至相册中。

图 15-22　点击"导出"按钮　　图 15-23　点击相应按钮

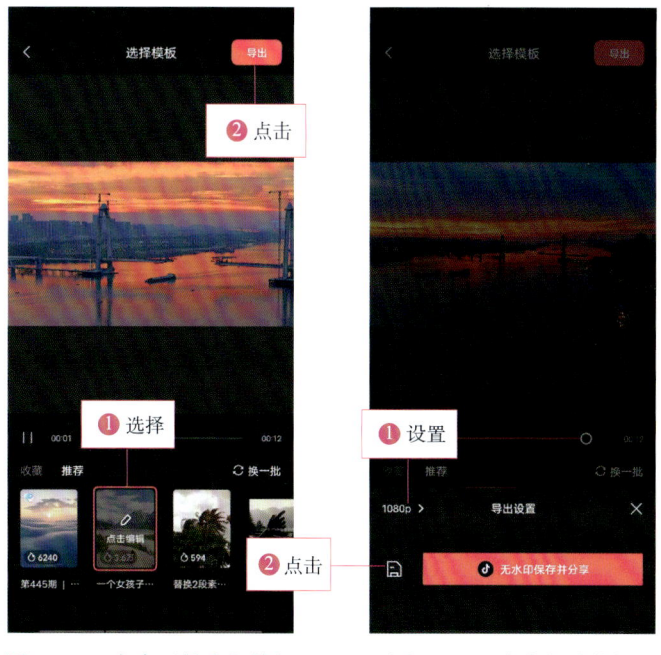

203

15.2 单个作品：快速剪辑成品视频

大家航拍完一段视频后，在分享视频之前，可以为单个作品在剪映手机版中进行后期处理，再分享至朋友圈或短视频平台中。本节将为大家介绍单个作品的剪辑制作流程。本案例的最终视频效果如图 15-24 所示。

图 15-24　最终视频效果

15.2.1　导入航拍视频

在剪映手机版中剪辑视频的第一步就是导入视频素材，这样才能进行后续的操作和处理。下面介绍导入航拍视频的操作方法。

步骤 01　打开剪映 App，在"剪辑"界面中点击"开始创作"按钮，如图 15-25 所示。

步骤 02　❶ 在"照片视频"界面中选择视频素材；❷ 选中"高清"复选框；❸ 点击"添加"按钮，如图 15-26 所示，即可把视频素材导入至剪映 App 中。

图 15-25　点击"开始创作"按钮　　图 15-26　点击"添加"按钮

15.2.2 添加背景音乐

背景音乐是航拍视频中必不可少的，不仅能让视频更加完整，还能让视频变得更加有魅力。通过提取音乐功能，可以添加其他视频中的背景音乐。

下面介绍为视频添加背景音乐的操作方法：

步骤 01 在视频的起始位置点击"音频"按钮，如图 15-27 所示。

步骤 02 在弹出的二级工具栏中点击"提取音乐"按钮，如图 15-28 所示。

步骤 03 ❶ 在"照片视频"界面中选择视频素材；❷ 点击"仅导入视频的声音"按钮，如图 15-29 所示，添加背景音乐。

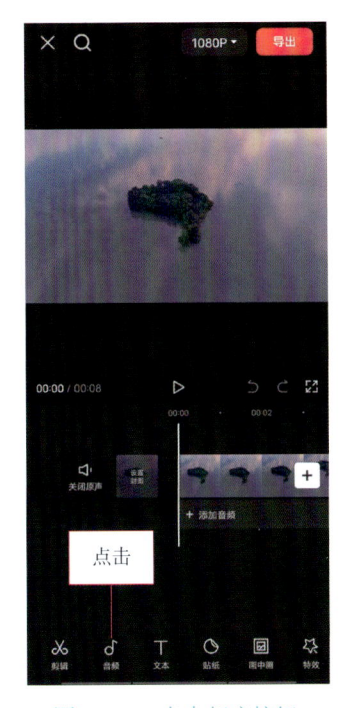

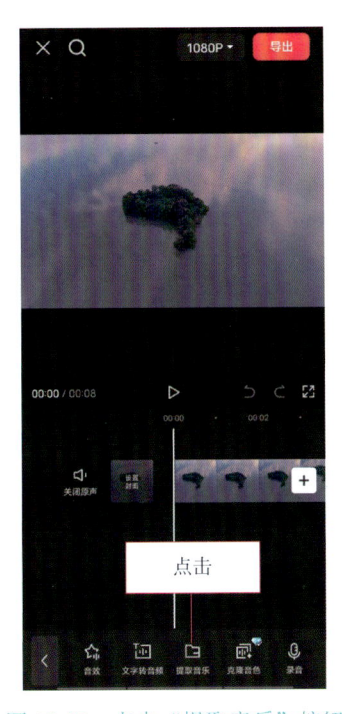

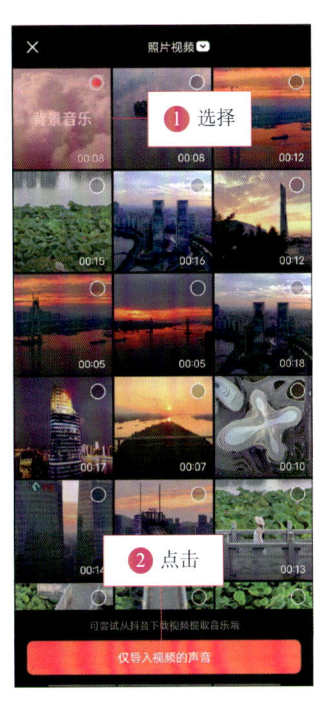

图 15-27 点击相应按钮　　图 15-28 点击"提取音乐"按钮　　图 15-29 点击"仅导入视频的声音"按钮

15.2.3 添加特效和动画

为了让视频画面丰富有趣一些，可以为视频添加合适的特效，增加画面内容。在视频结束的位置可以添加出场动画，让视频结束得更自然一些。

下面介绍为视频添加特效和动画的操作方法：

步骤 01 在视频的起始位置点击"特效"按钮，如图 15-30 所示。

步骤 02 在弹出的二级工具栏中点击"画面特效"按钮，如图 15-31 所示。

步骤 03 ❶ 切换至"动感"选项卡；❷ 选择"水波纹"特效；❸ 点击 ✓ 按钮，添加特效，如图 15-32 所示。

步骤 04 ❶ 调整"水波纹"特效的时长，使其约为 1.5s；❷ 在特效的末尾位置点击"画面特效"按钮，如图 15-33 所示。

205

步骤 05 ❶ 在"动感"选项卡中选择"心跳"特效；❷ 点击 ✓ 按钮，如图 15-34 所示。

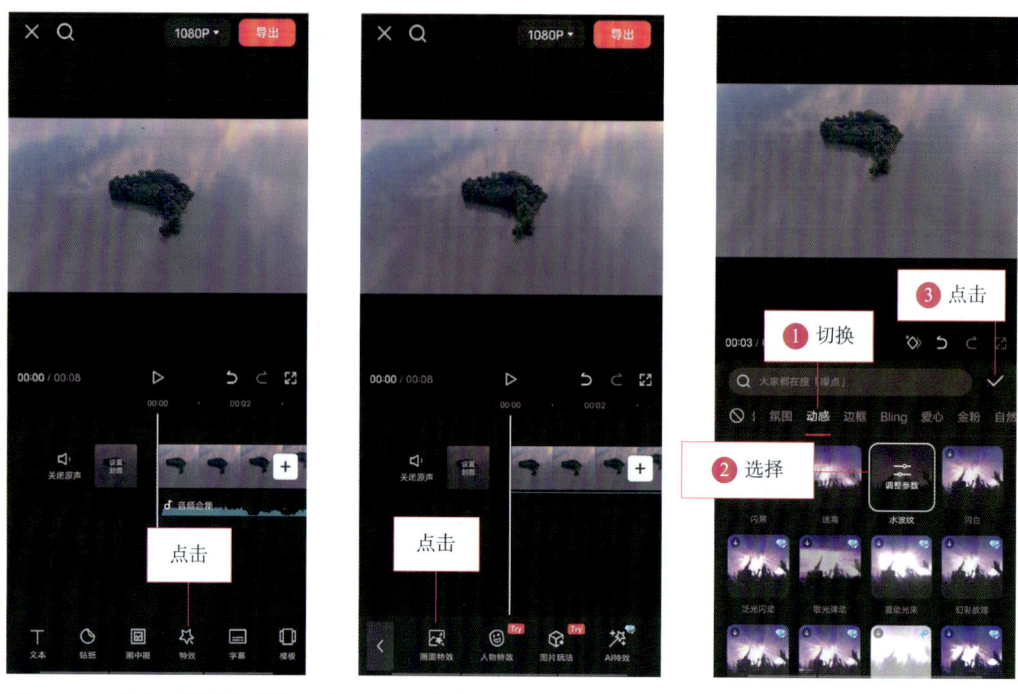

图 15-30　点击"特效"按钮　　图 15-31　点击"画面特效"按钮（1）　　图 15-32　点击相应按钮（1）

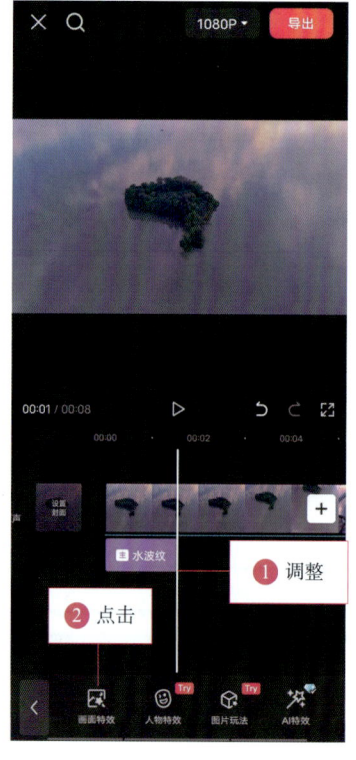

图 15-33　点击"画面特效"按钮（2）　　图 15-34　点击相应按钮（2）

第 15 章 剪辑笔记：使用剪映轻松剪出大片

步骤 06 ▶ 调整"心跳"特效的时长，使其约为 1.5s，如图 15-35 所示，让视频开场的时候更动感。

步骤 07 ▶ ❶ 在视频的末尾位置选择视频素材；❷ 点击"动画"按钮，如图 15-36 所示。

步骤 08 ▶ ❶ 切换至"出场动画"选项卡；❷ 选择"Kira 游动"动画；❸ 设置时长为 0.5s，如图 15-37 所示，添加出场动画。

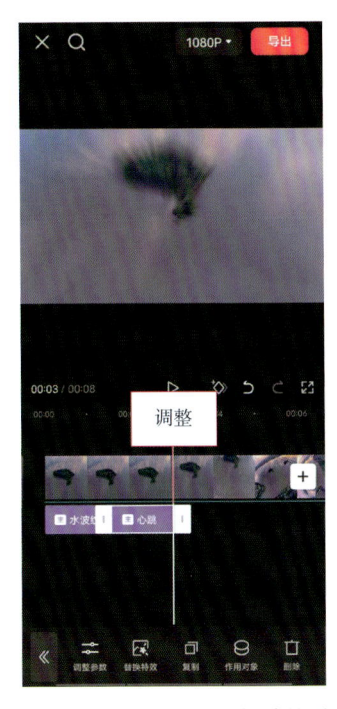

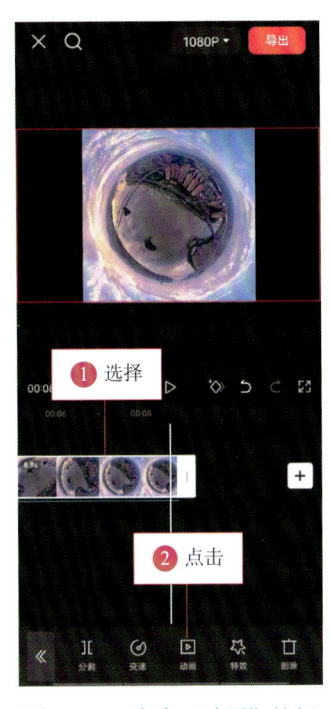

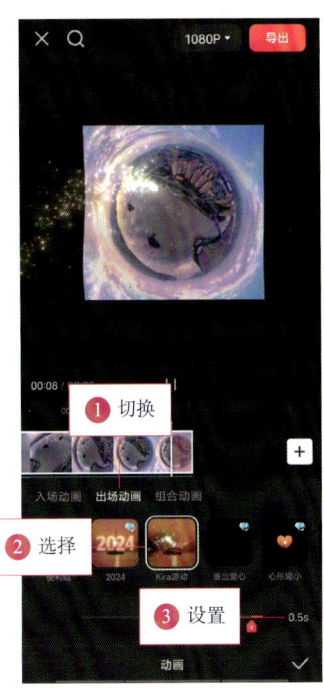

图 15-35　调整"心跳"特效的时长　　图 15-36　点击"动画"按钮　　图 15-37　设置时长为 0.5s

15.2.4　添加标题文字并导出视频

为视频添加标题文字，可以点明视频主题。剪映中有很多文字模版，用户只需要更改文字内容就能快速添加文字。在视频导出的时候，可以分享至视频平台中，也可以直接导出至本地相册中。

下面介绍添加标题文字并导出视频的操作方法：

步骤 01 ▶ 在视频的起始位置点击"文本"按钮，如图 15-38 所示。

步骤 02 ▶ 在弹出的二级工具栏中点击"文字模板"按钮，如图 15-39 所示。

步骤 03 ▶ ❶ 切换至"新闻"选项卡；❷ 选择一款文字模板；❸ 更改文字内容；❹ 点击 ⇅ 按钮，如图 15-40 所示。

步骤 04 ▶ ❶ 继续更改文字内容；❷ 调整文字的画面大小和位置；❸ 点击 ✓ 按钮，如图 15-41 所示。

步骤 05 ▶ 即可为视频添加标题文字，点击"导出"按钮，如图 15-42 所示。

步骤 06 ▶ 稍等片刻，视频导出之后，点击"完成"按钮，如图 15-43 所示。

飞手是怎样炼成的——从大疆无人机 Mini 4、Air 3 到御 3 系列的航拍笔记

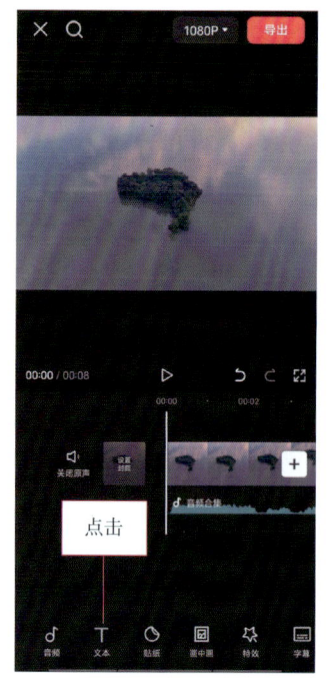

图 15-38　点击"文本"按钮

图 15-39　点击"文字模板"按钮

图 15-40　点击相应按钮（1）

图 15-41　点击相应按钮（2）

图 15-42　点击"导出"按钮

图 15-43　点击"完成"按钮

15.3 多段视频：制作一段完整大片

对于多个视频，在剪辑处理上的流程会比单个作品多一些操作过程，但大部分的操作过程都是差不多的，大家可以多练习、提炼和总结要点。本节为大家介绍多个视频的剪辑流程，本案例的最终视频效果如图 15-44 所示。

图 15-44　最终视频效果

15.3.1　添加多段视频和卡点音乐

在剪映手机版添加多段视频时，需要将其按顺序依次导入，导入多段视频之后，再添加卡点音乐。

下面介绍添加多段视频和卡点音乐的操作方法：

步骤 01　打开剪映 App，点击"开始创作"按钮，如图 15-45 所示。

飞手是怎样炼成的——从大疆无人机 Mini 4、Air 3 到御 3 系列的航拍笔记

步骤02 ❶ 在"照片视频"界面中依次选择 10 段视频素材；❷ 选中"高清"复选框；❸ 点击"添加"按钮，如图 15-46 所示。

图 15-45　点击"开始创作"按钮　　　图 15-46　点击"添加"按钮

步骤03 按顺序添加视频素材，点击"音频"按钮，如图 15-47 所示。
步骤04 在弹出的二级工具栏中点击"提取音乐"按钮，如图 15-48 所示。

图 15-47　点击"音频"按钮　　　图 15-48　点击"提取音乐"按钮

步骤 05　❶ 在"照片视频"界面中选择视频素材；❷ 点击"仅导入视频的声音"按钮，如图 15-49 所示，添加卡点音乐至音频轨道中。

步骤 06　❶ 选择音频素材；❷ 点击"节拍"按钮，如图 15-50 所示。

步骤 07　弹出"节拍"面板，❶ 点击"自动踩点"按钮；❷ 拖动滑块，调整踩点的程度；❸ 点击 ✓ 按钮，添加黄色的节拍点，如图 15-51 所示。

图 15-49　点击"仅导入视频的声音"按钮　　图 15-50　点击"节拍"按钮　　图 15-51　点击相应按钮

15.3.2　调整视频时长和添加转场

在剪映手机版中需要调整视频素材的时长，使其对齐音乐的节拍点。转场是在有两段以上的素材的时候才能设置的效果，设置合适的转场效果，可以让视频画面过渡得更加自然一些。

下面介绍调整视频时长和添加转场的操作方法：

步骤 01　❶ 选择第 1 段视频素材；❷ 在第 2 个节拍点的位置点击"分割"按钮，分割素材，默认选择分割后的第 2 段视频；❸ 点击"删除"按钮，如图 15-52 所示，调整视频的时长。

步骤 02　选择并拖动第 2 段视频素材右侧的白色边框，使其末尾位置对齐下一个节拍点，如图 15-53 所示。

步骤 03　用与上面相同的操作方法，调整剩下视频的时长，使其末尾位置对齐相应的节拍点，如图 15-54 所示。

步骤 04　点击第 1 段视频与第 2 段视频之间的转场按钮 ，如图 15-55 所示。

步骤 05　弹出"转场"面板，❶ 切换至"运镜"选项卡；❷ 选择"拉远"转场；❸ 点击 ✓ 按钮，如图 15-56 所示。

步骤 06 ▶ 点击第 2 段视频与第 3 段视频之间的转场按钮 ⬚，如图 15-57 所示。

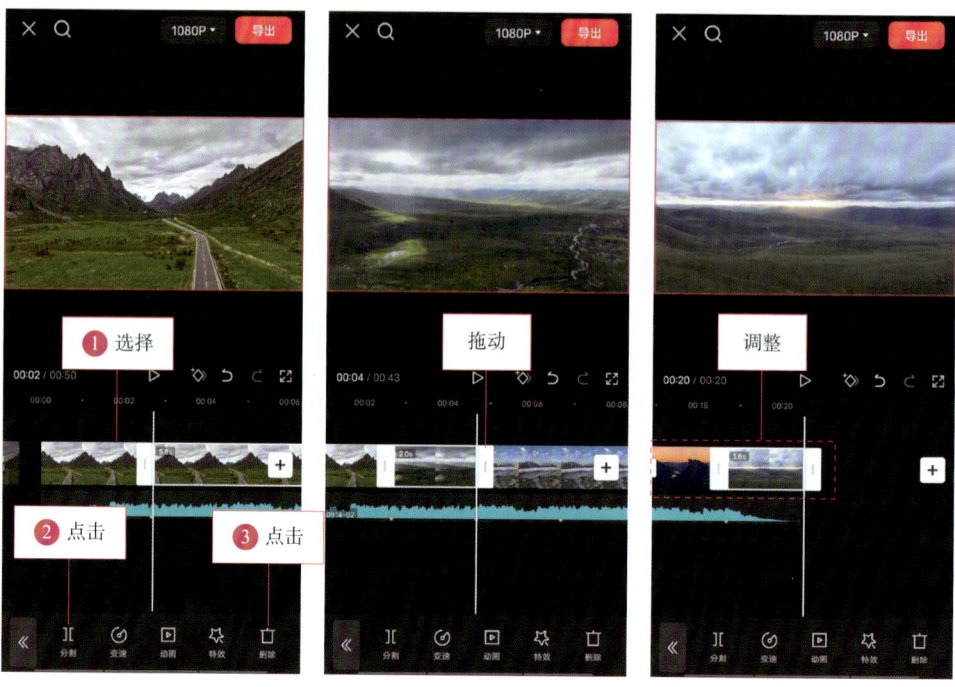

图 15-52　点击"删除"按钮　　图 15-53　拖动白色边框　　图 15-54　调整剩下视频的时长

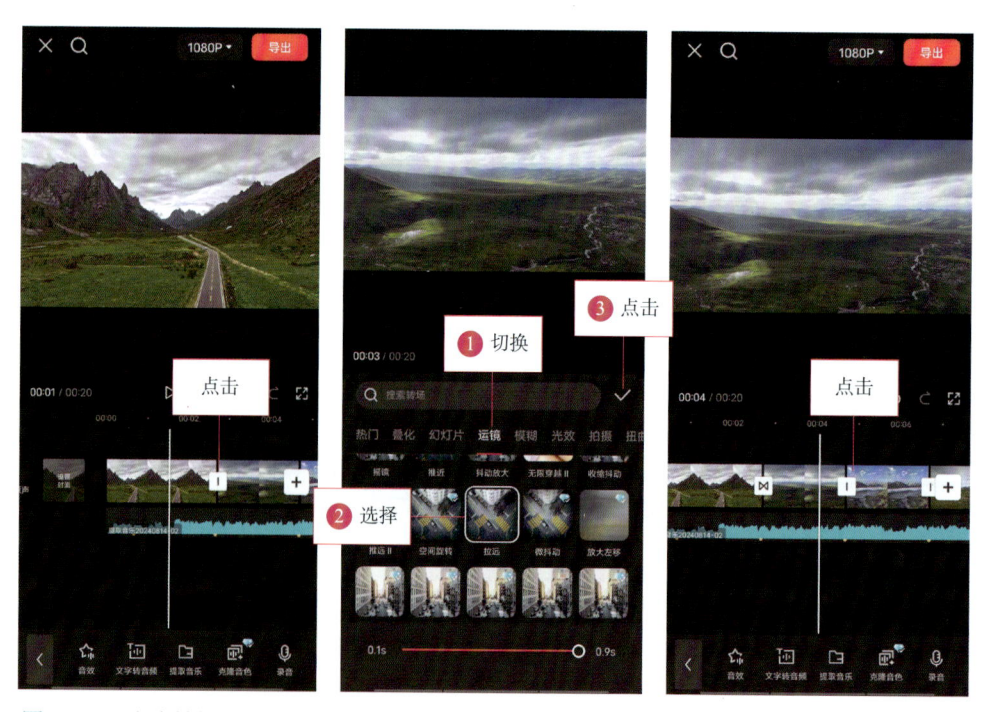

图 15-55　点击转场按钮（1）　　图 15-56　点击相应按钮（1）　　图 15-57　点击转场按钮（2）

步骤 07 ▶ 弹出"转场"面板，❶ 切换至"运镜"选项卡；❷ 选择"推近"转场；❸ 点击

☑按钮，如图 15-58 所示，剩下两个片段之间和最后两个片段之间依次添加"拉远"和"推近"运镜转场。

步骤 08 中间 3 个片段之间都添加"叠化"转场，如图 15-59 所示。

图 15-58　点击相应按钮（2）　　图 15-59　添加"叠化"转场

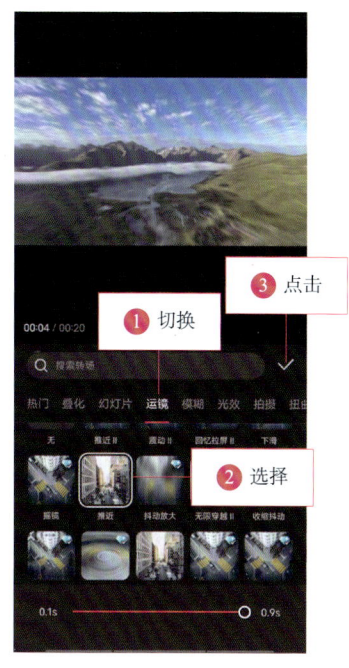

15.3.3　为视频统一添加滤镜调色

针对多段素材的调色，可以调整滤镜或者调节素材的时长，使其对齐整段视频的时长，进行统一调色。

下面介绍为视频统一添加滤镜调色的操作方法：

步骤 01 在视频的起始位置点击"滤镜"按钮，如图 15-60 所示。

步骤 02 ❶切换至"复古胶片"选项卡；❷选择"德古拉"滤镜；❸设置强度参数为 65，进行初步调色；❹点击 ☑ 按钮，如图 15-61 所示。

步骤 03 在视频起始位置点击"新增调节"按钮，如图 15-62 所示。

步骤 04 ❶在"调节"选项卡中选择"亮度"选项；❷设置参数为 10，提亮画面，如图 15-63 所示。

步骤 05 ❶选择"对比度"选项；❷设置参数为 9，增强画面的明暗对比度，如图 15-64 所示。

步骤 06 ❶选择"饱和度"选项；❷设置参数为 9，让画面色彩变鲜艳些，如图 15-65 所示。

步骤 07 ❶选择"光感"选项；❷设置参数为 10，继续增加曝光，提亮画面，如图 15-66 所示。

步骤 08 ❶选择"色温"选项；❷设置参数为 −10，让画面偏冷色调，如图 15-67 所示。

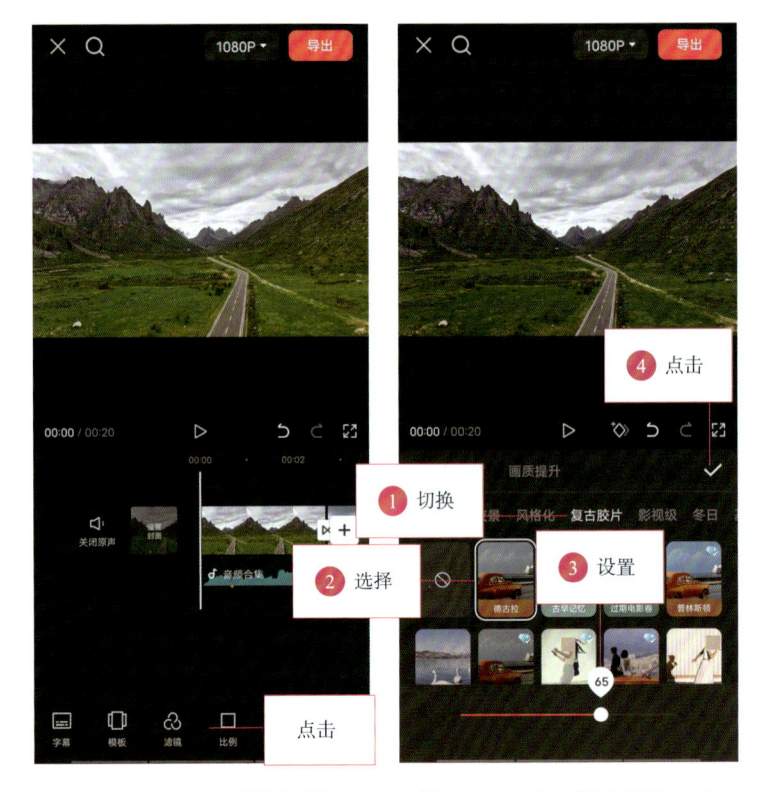

图 15-60　点击"滤镜"按钮　　图 15-61　点击相应按钮（1）

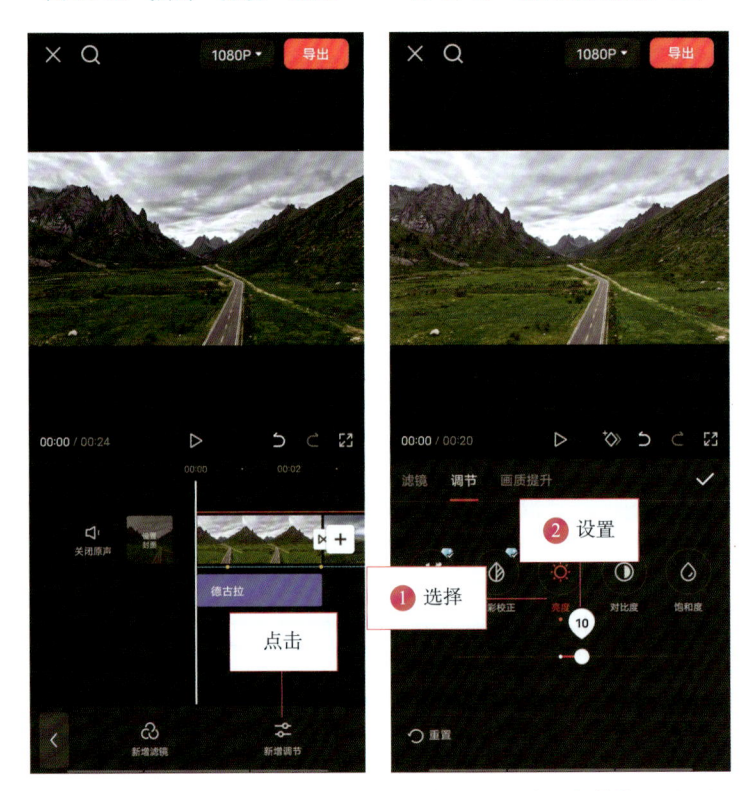

图 15-62　点击"新增调节"按钮　　图 15-63　设置参数为 10（1）

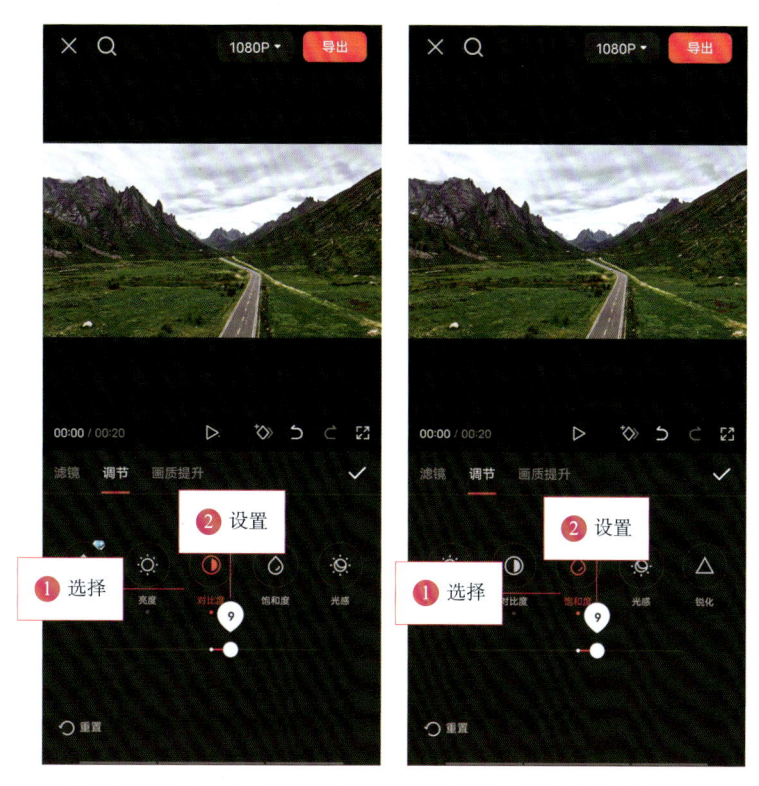

第 15 章　剪辑笔记：使用剪映轻松剪出大片

图 15-64　设置参数为 9（1）　　　图 15-65　设置参数为 9（2）

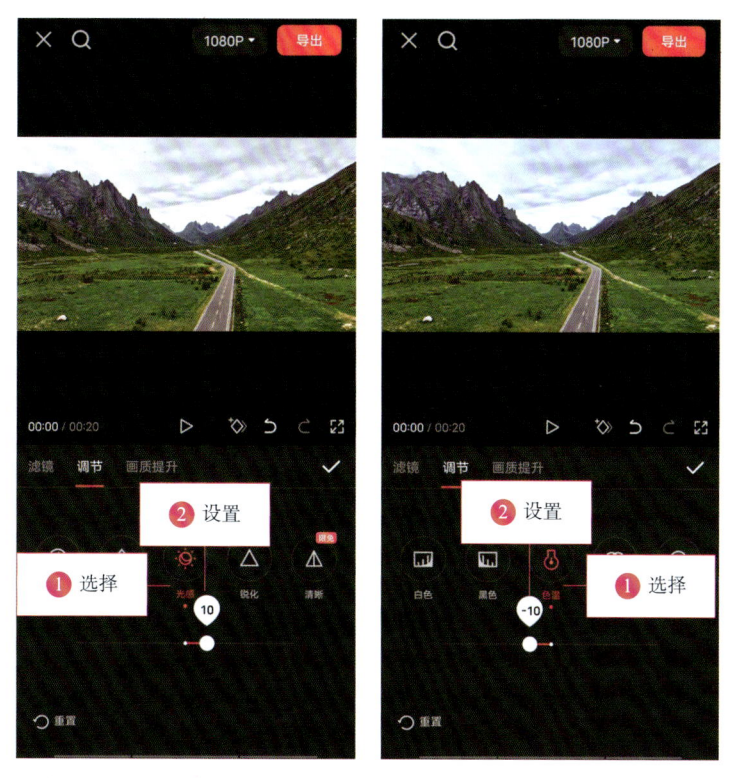

图 15-66　设置参数为 10（2）　　　图 15-67　设置参数为 –10

步骤 09 ❶ 选择"锐化"选项；❷ 设置参数为 30，让画面变清晰一些；❸ 点击 ✓ 按钮，如图 15-68 所示。

步骤 10 调整"德古拉"滤镜和"调节 1"的时长，使其末尾位置对齐视频的末尾位置，如图 15-69 所示。

图 15-68　点击相应按钮（2）　　图 15-69　调整"德古拉"滤镜和"调节 1"的时长

15.3.4　添加歌词字幕和视频片尾

为了让视频画面更加酷炫，可以为视频添加歌词字幕。在视频末尾位置，还可以添加片尾素材，提醒观众关注作者。

下面介绍添加歌词字幕和视频片尾的操作方法：

步骤 01 在视频的起始位置依次点击"画中画"按钮和"新增画中画"按钮，如图 15-70 所示。

步骤 02 ❶ 在"照片视频"界面中选择歌词字幕素材；❷ 选中"高清"复选框；❸ 点击"添加"按钮，如图 15-71 所示。

步骤 03 ❶ 选择歌词字幕素材；❷ 点击"混合模式"按钮，如图 15-72 所示。

步骤 04 弹出"混合模式"面板，❶ 选择"滤色"选项，去除黑色；❷ 调整字幕素材的画面位置；❸ 点击 ✓ 按钮，如图 15-73 所示。

步骤 05 在视频的末尾位置点击 + 按钮，如图 15-74 所示。

步骤 06 ❶ 切换至"素材库"|"片尾"选项卡；❷ 选中一个片尾素材；❸ 选中"高清"复选框；❹ 点击"添加"按钮，如图 15-75 所示，添加视频片尾。

第 15 章　剪辑笔记：使用剪映轻松剪出大片

步骤 07 在片尾素材的起始位置依次点击"音频"按钮和"音效"按钮，如图 15-76 所示。

步骤 08 ❶ 在搜索栏中输入并搜索"闪动"；❷ 点击"闪动"音效右侧"使用"按钮，为片尾素材添加音效，如图 15-77 所示。

图 15-70　点击"新增画中画"按钮　　图 15-71　点击"添加"按钮

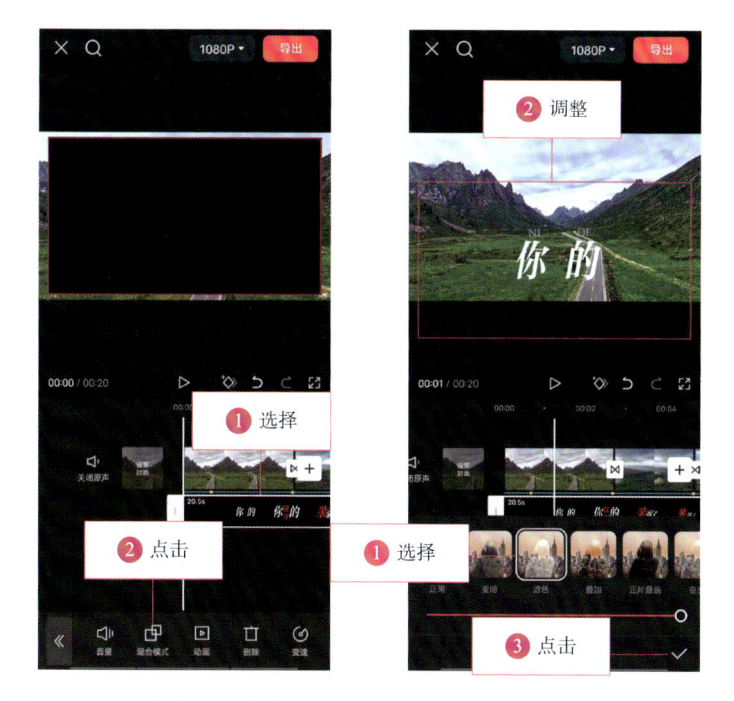

图 15-72　点击"混合模式"按钮　　图 15-73　点击相应按钮（1）

217

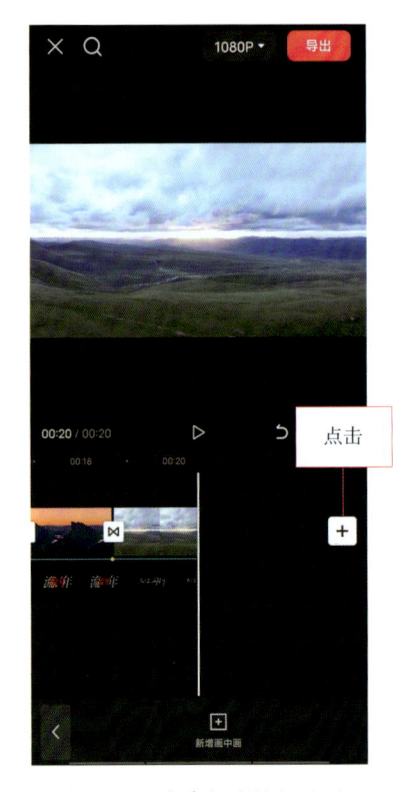

图15-74 点击相应按钮（2）　　图15-75 点击"添加"按钮

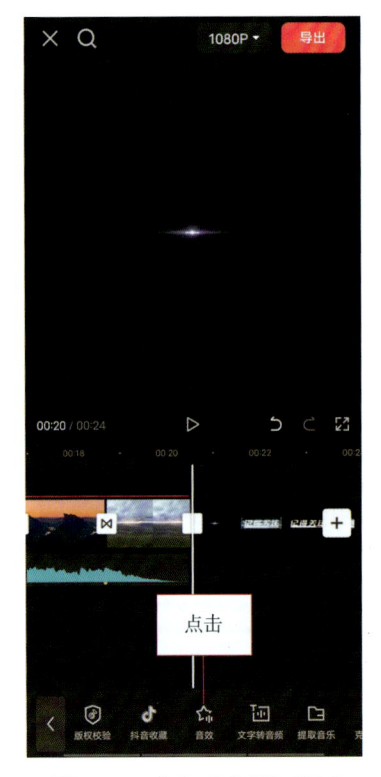

图15-76 点击"音效"按钮　　图15-77 点击"使用"按钮